第2版

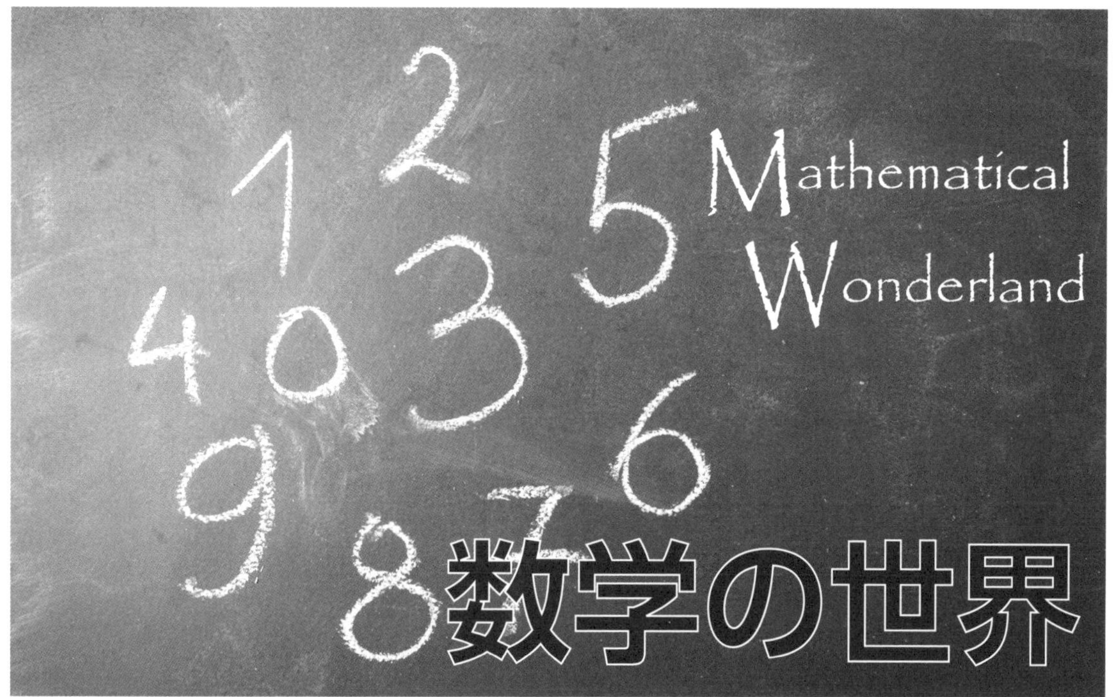

山田修司　著

学術図書出版社

まえがき

京都産業大学で全学の学生向けに開講されている「数学の世界」という科目で講義する内容をまとめた本である．主に文系学部の学生が受講するため，高校で数学 III を未履修の学生でも理解できる内容としている．

プロローグと 13 個のトピックとで構成されており，どのトピックも，数学の面白さ，意外性，有用性をわかりやすく解説し，学生達の興味を魅きつける工夫をしている．サブタイトルのとおり，数学という世界を楽しんでもらうための本である．

本書では，理解のためのハードルを上げないために，数式をできるだけ用いないことを留意している．数式がどうしても必要な場合では，その数式を読み飛ばしても，次に話が繋がるように文脈を考慮しているので，数式が分からなくてもそこで止まらずに，先に読み進んで欲しい．

また，各トピックには意外性のある話を詰め込んで，学生達を飽きさせないようにしている．意外性こそ，数学の面白さだと思っている．きっと，読者の皆さんにとっても，知らなかったという話題が少なからずあると期待している．

さらに，数学の有用性にも重点を置いている．数学なんて受験のためのものだけで役には立たない，という意見はよく聞かれるが，本書を読んで，意外にも数学は役に立つ，ということを理解してもらえると期待している．

では，存分に数学の世界を楽しんで欲しい．

目　次

1 プロローグ

あなたが知らないかもしれない，数学の世界をお見せしよう．

1.1 煩悩と雑念とを量る

純粋な数学の世界に入るためには，煩悩と雑念とを払う必要があるのだが，始めに，自分にそれがどのくらいあるのかを調べてみよう．

次のことを実行して欲しい．

1. 紙の上に円を描く
2. その円周上に，煩悩，雑念を払って 3 点を無作為にとり，それを頂点とする三角形を描く

これを 10 回ほど行う．ここで「無作為に点をとる」は「円周上の長さが同じ弧はどれも，その弧上に点が選ばれる確率が同じ」という意味である．

そして，その 10 個の三角形の中に，鋭角三角形が何個あるか数える．鋭角とは 90 度未満の角度で，鋭角三角形とは角がすべて鋭角の三角形のことだ．下図で，左 2 つの三角形が鋭角三角形で，右の 2 つは鈍角三角形である．

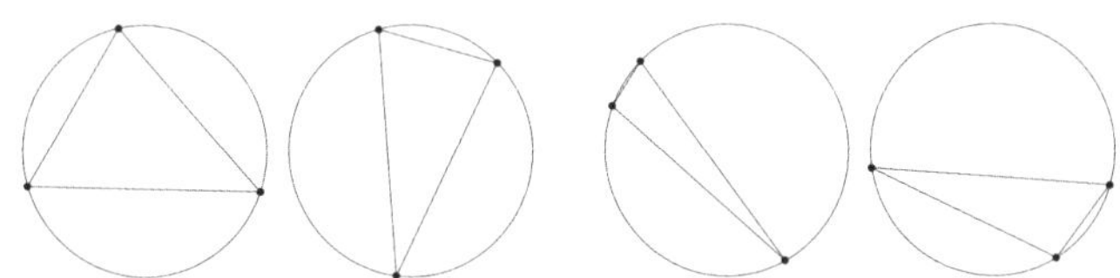

その個数で煩悩や雑念がどのくらいあるかが分かる．それはこのプロローグの後半で解説する．

1.2　便所掃除だけは外したい

小学校の時に，掃除当番をあみだくじで決めたことがある．そのときには知らなかったのだが，便所掃除だけは外したいという願いを叶える方法があったのだ．その方法は，

- あみだくじを作った人に，横棒の本数と，下に書いた物の並び順（運動場，廊下，便所，教室，窓）とを聞く
- 最後から 2 番目にくじを引く
- それまでに引いた人がどこを引いて何になったかを聞く

を実行することだ．そうすると，便所掃除が残っている場合でも，残った2本のうちのどちらが便所掃除か分かるのだ．

例えば，横棒の本数が 20 本で，太郎君が廊下掃除，次郎君が運動場掃除，花子さんが窓ふきになって，便所掃除と教室掃除とが残っていたとする．さあ，A, B のどっちが便所掃除か分かるだろうか．

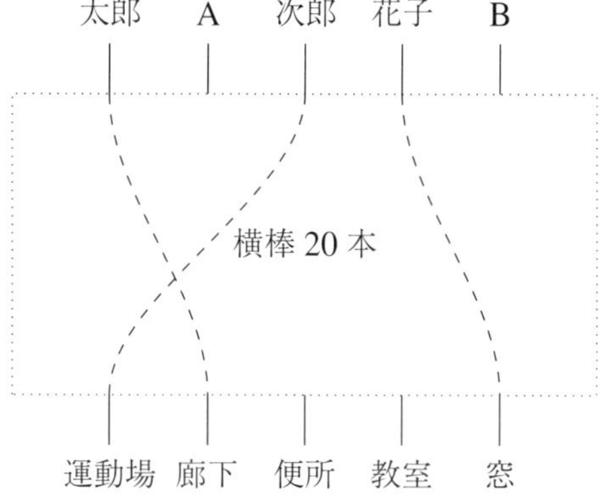

1.3　帽子の色を当てる 7 人のレジスタンス達

占領軍に捕まった 7 人のレジスタンス達は，処刑される前にチャンスが与えられて，次の課題をクリアすれば全員が解放されると告げられた．

- 全員に白か赤かの帽子がランダムに被せられる．
- 他の人の帽子は見ることができるが，自分のは見えない．
- 直後に，各人，別室に連れて行かれて自分の帽子の色について答えるかどうかの選択をする．
- 少なくとも一人が答える選択をして，答えた人が全員正解する．

事前に相談の時間が与えられたが，さて，解放される確率を上げるには，レジスタンス達はどのようにすればよいだろうか．

明らかに，答える人が多いほど不利なので，誰か一人，勘の良さそうな人が答えて他の人は黙っているのが得策である．他の人の帽子の色は自分の帽子の色には無関係なので，その一人の答えが正解である確率，すなわち全員が助かる確率は $\frac{1}{2}$ である．そのように思われるが，じつは，$\frac{7}{8}$ の確率で助かる方法がある．

さらに，帽子を被せる看守がその方法を知っていて帽子をランダムでなく恣意的に被せたとしても，やはり $\frac{7}{8}$ の確率で助かる方法がある．

本文中にその答えが出てくるまでに，自分でそれを見つけて欲しい．

1.4　カードをめくるレジスタンス達

前回，うまい方法で解放されたレジスタンス達だったが，今度は 30 人が捕まってしまった．処刑の前に再びチャンスが与えられたが，今回は難題である．

- ある部屋に，1 から 10 までの番号が書かれたカードが 10 枚，順序はランダムに伏せて並べてある．
- 一人ずつその部屋に入って，探すべきカードの番号を看守からランダムに告げられる．10 枚のうち 5 枚だけをめくって，告げられた番号のカードを見つける．
- めくったカードは，元の場所に伏せて戻すので，カードの順番は変えられない．目印もつけられない．終わったあとは別室に連れて行かれるので，他の人に何かを伝えることはできない．
- 全員が成功したときのみ，全員が解放される．一人でも失敗したら，全員処刑される．

最初の人が成功する確率は，どう考えても $\frac{1}{2}$ である．カードの並びも変わっていないし，前の人から何の情報も得られないので，最初の人も，最後の人も，状況は全く同じである．だから，30 人が全員成功する確率は $\left(\frac{1}{2}\right)^{30} = \frac{1}{1073741824}$ で，これは宝くじで 1 等が当たる確率よりもはるかに低い．やってみても無駄である．

ところがである．この難題を，3 割ほどの確率で成功させることができるのだ．3 割なら，挑戦してみる価値はある．

しかも，その看守がその方法を知っていて，カードを恣意的に並べて，探すカード番号を恣意的に言ったとしても，やはり 3 割ほどの確率で成功させることができる．

これも，本文中に答えが出てくるまでに，自分でそれを見つけて欲しい．

1.5　もう一人は男の子か女の子か

次の問題は，確率が分かる人ほど悩ましい問題である．

> 私は，山本さんに子供が二人いることは知っているが，男の子か女の子かは知らない．そこで，山本さんの知り合いの田中さんに聞いてみると「少なくとも一人は女の子だ」ということだった．さて，山本さんのお子さんが二人とも女の子である確率はいくらか．ただし，出生男女比は 1 : 1 とする．

分かりやすく子供をコインに替えてみると，「コインを 2 つ投げて少なくとも 1 つが表であった時に，2 つとも表である確率」という条件付き確率の問題となる．大学入試に出たとしたら，模範解答は次の通りである．

解答：2 つのコインの表裏の可能性は，表表，表裏，裏表，裏裏の 4 通りがあるが，これはどれも同じ確率で起こる．この中で少なくとも 1 つが表なのは，表表，表裏，裏表の 3 通りなので，2 つとも表である確率は $\frac{1}{3}$ である．　▮

	表	裏
表	○	○
裏	○	×

しかし，常識的に考えると，先ほどの問題の答えが $\frac{1}{3}$ とは思えない．山本さんの二人のお子さんのうち，一人が女の子であることを田中さんが知っている．では，あと一人が女の子である確率は $\frac{1}{2}$ ではないのか．常識が正しいのか，大学入試問題の模範解答が正しいのか，夜も寝ないで悩んで欲しい．

1.6　鍵をかけて荷物を送る

クイズ問題を考えよう.

> ある国では，郵便配達人のモラルが悪くて，鍵がかかっていない荷物の中身はほとんど盗まれる．でも，発送と到着との管理はしっかりしているので，荷物自体が届かないということはない.
>
> そこで，中身を盗まれないように荷物に南京錠をかけて送りたい．しかし，私も送付先の人も，いくつか南京錠は持っているが，自分の南京錠の鍵しか持っていない．どのようにすればよいか.

問題となるのは，南京錠がかかった荷物を受け取った人がどうやって開けるか，ということだ．南京錠の鍵を持っていなければ開けられないし，鍵を荷物の外につけて送ったのでは中身を盗まれるし，荷物の中に入れて送ったのでは鍵を取り出せないので開けられない．別便で鍵を送ろうとしても，その鍵を盗まれないようにするためには，やっぱりその荷物にも南京錠をかける必要がある．堂々巡りだ.

この問題もその答えも数学ではないが，その答と簡単な整数論とを使って安全な通信手段を構築することができる.

1.7　鋭角三角形の個数の期待値

さて，円周上に無作為に 3 点を取って三角形を 10 個作ったとき，その中の鋭角三角形の個数は何個だっただろうか．それが，5 個以上もあったならば，かなりの煩悩，雑念があると思われる．実は，その個数の平均値，すなわち期待値は 2.5 なのだ．

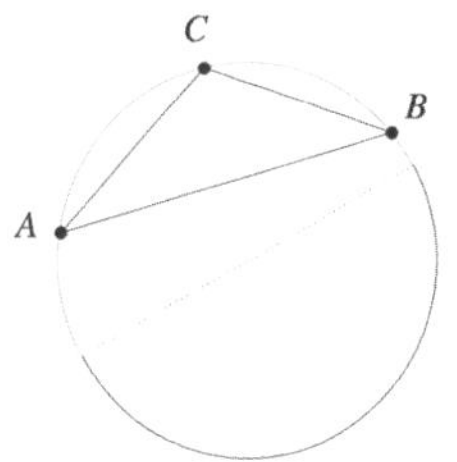

描いた三角形が，鋭角三角形ではなくて鈍角三角形になる確率を求めてみよう．図で見て分かるように，三角形が鈍角三角形になることと，3 頂点が半円周上にあることとは同じことであるので，選んだ 3 点 A, B, C が，どこかの半円周上にある確率を求めればよい．特定の半円周上にある確率なら $\dfrac{1}{2} \times \dfrac{1}{2} \times \dfrac{1}{2} = \dfrac{1}{8}$ なのだが，特定しないでどこかの半円周上にある確率，というのは難しい．

そこで，次のように考える．3 点 A, B, C が半円周上にあるとき，その半円周上反時計回りで見たときに最初の点を親分として，3 点は徒党を組んでいると言おう．上の図では，B が親分だ．B を親分として 3 点が徒党を組む確率は，反時計回りに見て B を始点とする半円周上に A, C がある確率なので，それは $\dfrac{1}{2} \times \dfrac{1}{2} = \dfrac{1}{4}$．したがって，$A, B, C$ の誰かを親分にして 3 点が徒党を組む確率，すなわち三角形が鈍角三角形である確率は $\dfrac{1}{4} \times 3 = \dfrac{3}{4}$ である．

鋭角三角形である確率は $1 - \dfrac{3}{4} = \dfrac{1}{4}$ しかないのだ．これは意外であろう．ほとんどの人は，10 個のうち半数近くあるいは半数以上が鋭角三角形ではないだろうか．そうなってしまう理由は，おそらく，「点を無作為にとると先に選んだ点の近くにはなりにくいのでは」という雑念が生じるためか，「三角形なら鈍角よりも鋭角のほうが好き」という煩悩があるためではないかと思われる．

次の図は，計算機で無作為に 3 点を選んで作った 100 個の三角形であり，その中の鋭角三角形は 26 個だけだ．鈍角三角形どころか，ほとんど針のようになった三角形も多数あり，小さくて見えないようなものもある．おそらく，このような三角形を描いた人はほとんどいないと思う．

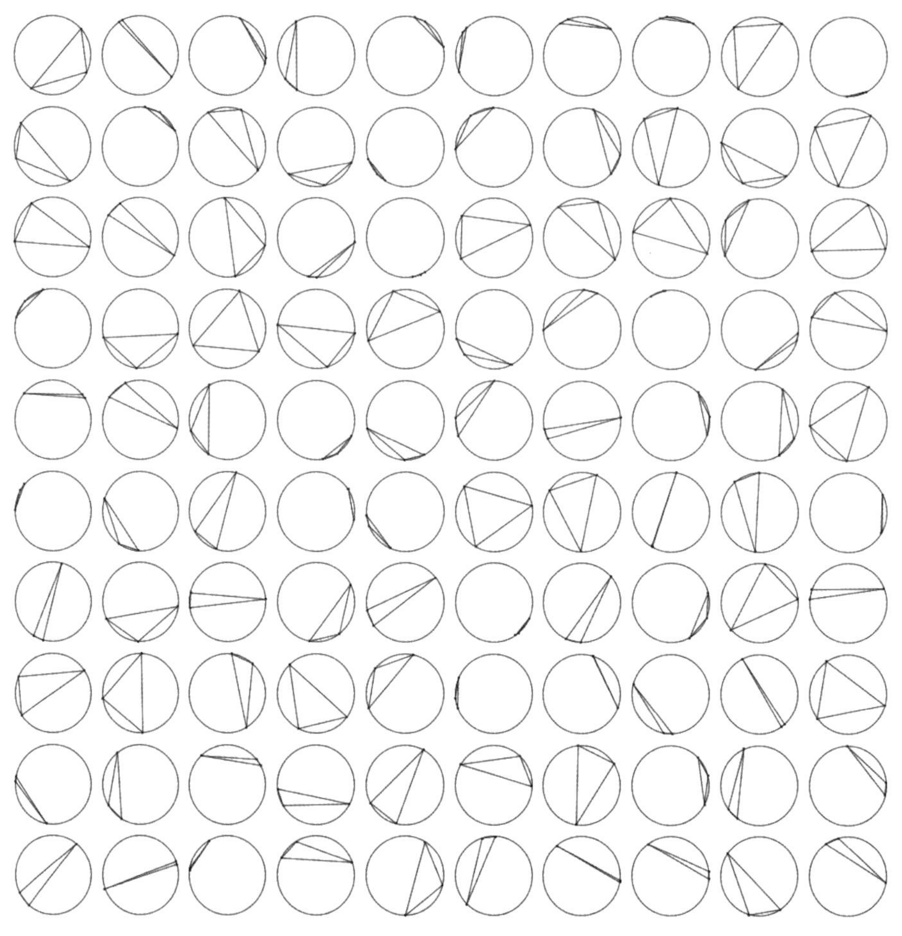

1.8　2 つの弦

煩悩，雑念がいかに多いかが分かったところで，もう 1 つやってみよう．

1. 紙の上に円を描く
2. その円周上に，煩悩，雑念を払って 2 点を無作為にとり，端点とする弦を描く
3. もう 1 つ，煩悩，雑念を払って 2 点を円周上に無作為にとり，端点とする弦を描く

これを 10 回ほど行う．その中で，弦が交差しているものを数える．

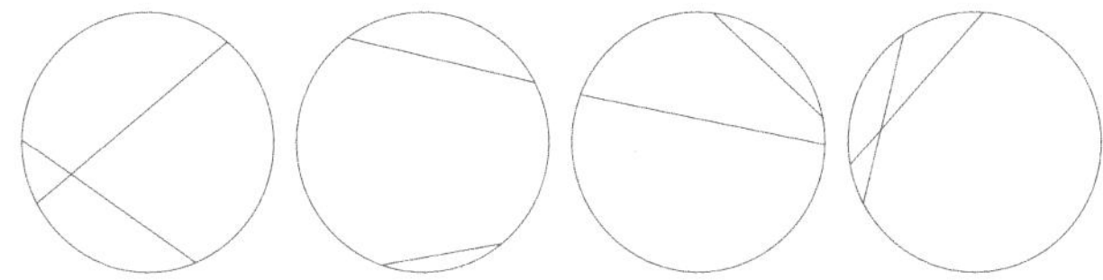

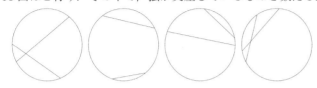

その個数の期待値は次のように考えれば簡単に求まる．2 点ずつ合計 4 点を無作為に選ぶのであるが，これは，無作為に 4 点を選んで，それを無作為に 2 点と 2 点に分けると考えても同じ．その分け方は 3 通りある．その中で分けた 2 点を端点とする 2 つの弦が交差するのは，1 通りだけ．したがって，その確率は $\dfrac{1}{3}$．よって，10 個のうち，交差しているものの個数の期待値は，$\dfrac{10}{3}$ である．

今回はおそらく，実際に交差した絵の個数はこの期待値からそれほど外れてはいないかと思う．前回のことで，雑念，煩悩が少し取り払われたのかも知れない．

次の図は，計算機で無作為に作った 100 個であり，そのうち交差しているものは 31 個である．中には，弦が小さすぎてよく見えないものが少なからずある．先ほどの三角形でもそうだったが，無作為というのは，かなり極端な状況が多数起こりえる，という実例である．

一筆書き

2.1　一筆書きをしよう

一筆書きとは，ペンを紙にいったん着けたら離さないで，そのまま一気に図形を描くこと．ただし，既に書いた線を再びたどってはいけない．

図形 (1) は一筆書きできる．図形 (2) はできない．図形 (3) は書き始める点をうまく選べばできる．それに対して，図形 (1) はどこから書き始めても，一筆書きできる．

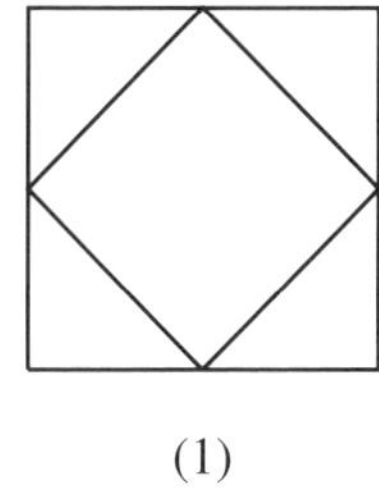

(1)

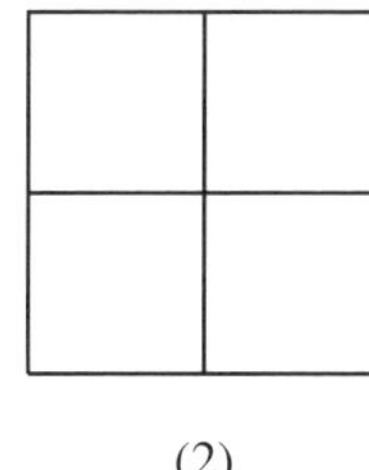

(2)

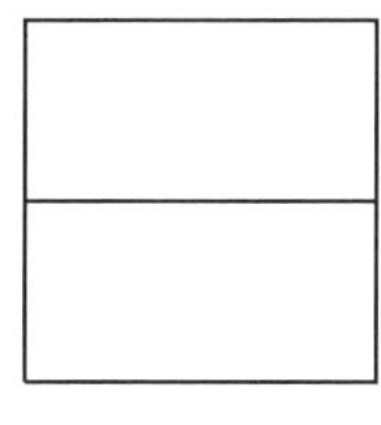

(3)

図形を一筆書きができるかどうかで分類すると，次の 3 種類に分類できる．

○　どこから始めても一筆書きできる．

△　書き始めの点をうまく選べば一筆書きできる．

×　どこから始めても一筆書きできない．

問題 **2.1**　図 (4)～(9) がどの種類に入るかを調べよ．そして，図形がこの 3 種類のどれに入るのかを簡単に見分ける方法を見つけよ．

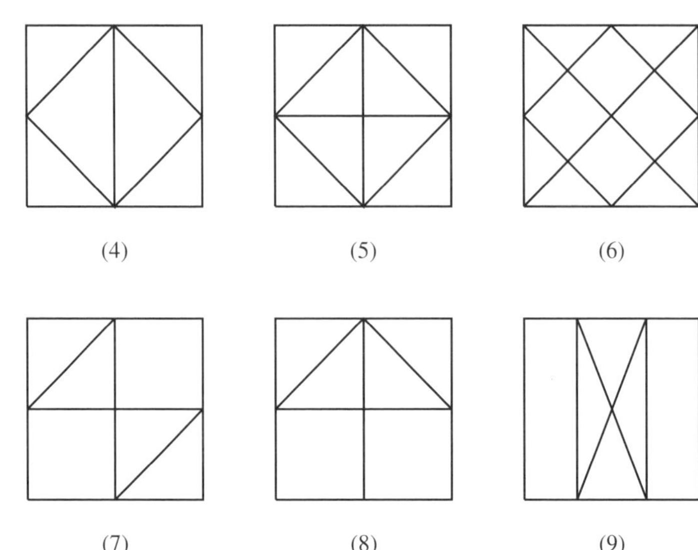

2.2　ケーニヒスベルクの橋

18 世紀の初め頃に東プロイセンの首都であったケーニヒスベルクにはプレーゲル川という川が流れ，その中州を中心として 7 つの橋が架けられていた．

そして誰かが，次のことを考えた．

> 7 つのすべての橋を，一度だけ通って行くことはできるか？

1735 年にレオンハルト・オイラーという数学者によって，それは不可能であることが証明された．そのときに使った手法が，後にグラフ理論という数学の一分野となった．

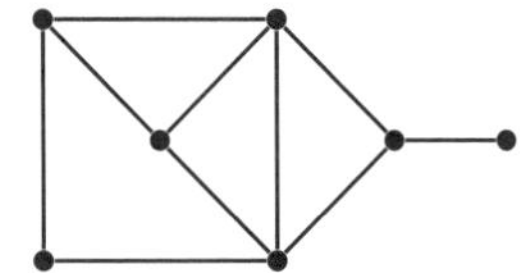

2.3　グラフ理論

点（**頂点**）と，頂点を結ぶ線（**辺**）とでできた図形のことを**グラフ**という．グラフは社会のいろいろな所で活用されている．

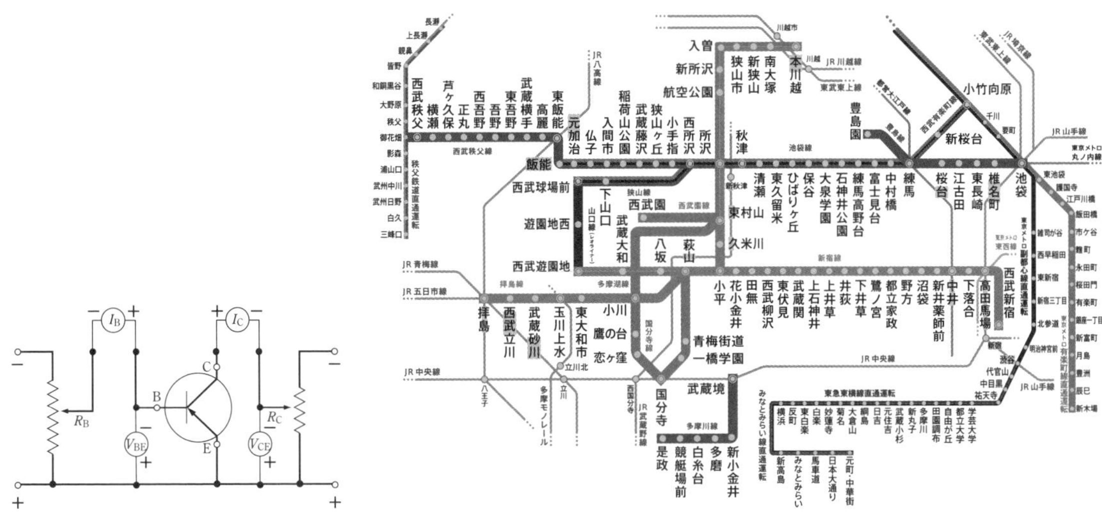

鉄道路線図提供：西武鉄道

グラフでは，辺の長さとか角度とか辺が交わっているとかは重要なことではなく，辺がどの頂点とどの頂点とを結んでいるか，ということが重要なこととなる．

次の 2 つのグラフは，見た目は違うが，A-B, A-C, A-D, B-D のみが結ばれているという点ではどちらも同じなので，グラフ理論的には，これらは同じグラフと見なされる．

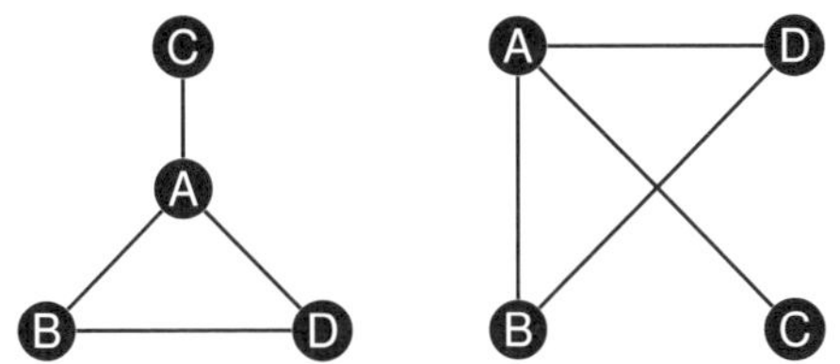

1 つの頂点に繋がっている辺の個数をその頂点の**次数**という．次数が偶数の頂点を**偶点**，奇数の頂点を**奇点**という．

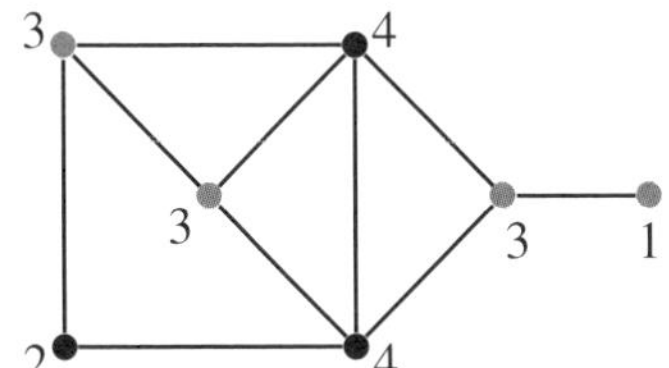

（図中の ● が奇点）

次数の総和は，辺の両端の総数に同じなので，辺数の 2 倍になる．上のグラフの場合，辺数は 10 で，次数の総和は $3+2+3+4+4+3+1=20=2\times 10$ である．このことより，次数の総和はつねに偶数である．したがって，奇点の個数は偶数であることになる．上のグラフの場合も奇点は4個ある．

2.4 オイラー回路とオイラー小道と

グラフのすべての辺を一度だけ通って，出発点に戻ってくる道筋をオイラー回路といい，出発点と違う点に到達する道筋をオイラー小道という．

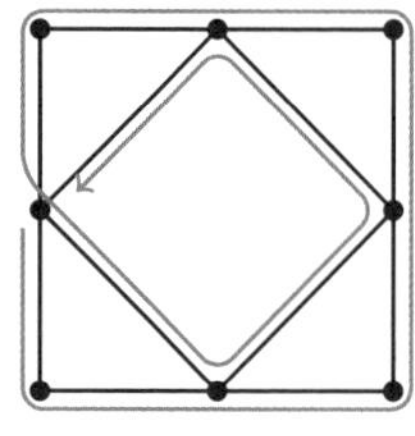
オイラー回路

オイラー小道

どこから始めても一筆書きできることは，オイラー回路があることと同じである．出発点をうまくとれば一筆書きできることは，オイラー小道があることと同じである．

定理 2.1

連結なグラフ（分離していないグラフ）において次が成り立つ．

(1) オイラー回路がある ⇔ 奇点がない

(2) オイラー小道がある ⇔ 奇点が2個

(3) オイラー小道も回路もない ⇔ 奇点が4個以上

［証明］ (1) オイラー回路がある ⇒ 奇点がない

オイラー回路があるとする．各頂点において，オイラー回路がそこ通るときに入る回数と出る回数とは同じなので，その頂点の次数は偶数．したがって，奇点はない．

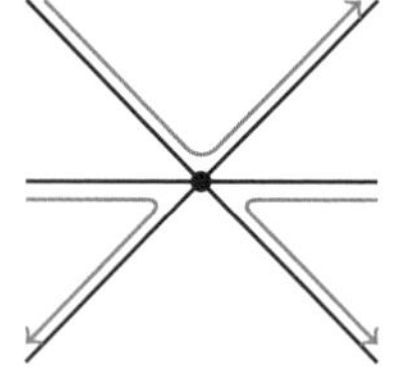

(1) オイラー回路がある ⇐ 奇点がない

奇点がないとする．適当な頂点から始めて，まだ通っていない辺があればそれを通って次の頂点に進めるだけ進む．すべての頂点は偶点だから出発点以外は入ったら出られるので，行き止まったときは出発点に帰ってきている．

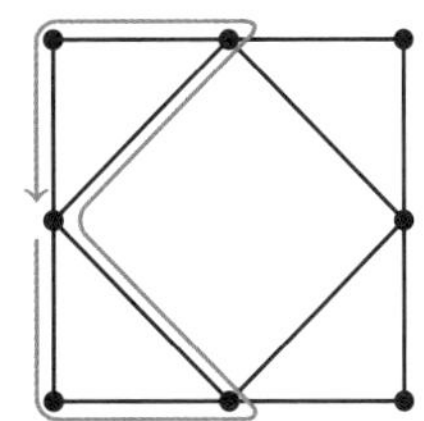
出発点を移すと
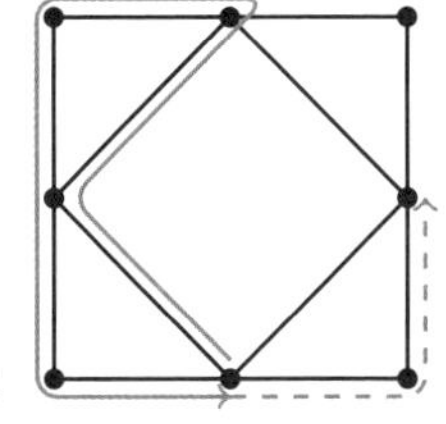
まだ進める

そのとき，まだ通っていない辺がある場合には，そのような辺が出ている頂点に出発点を移してもう一度同じ道筋を通ると，出発点に戻ったときにまだ進める道があるので，さらに先に進める．これを繰り返すと，最終的にグラフ全体を通るオイラー回路が得られる．

(2)　オイラー小道がある　⇒　奇点が 2 個

オイラー小道があるとする．その始点と終点とを結ぶ新しい辺をグラフに付け加えると，その辺を通って出発点に戻れるので，オイラー回路があることになり，既に示したことにより，全ての頂点の次数は偶数．付け加えた辺を取り除いて元のグラフに戻すと，オイラー小道の始点終点の次数は奇数で，他の頂点の次数は偶数のままなので，奇点は 2 個．

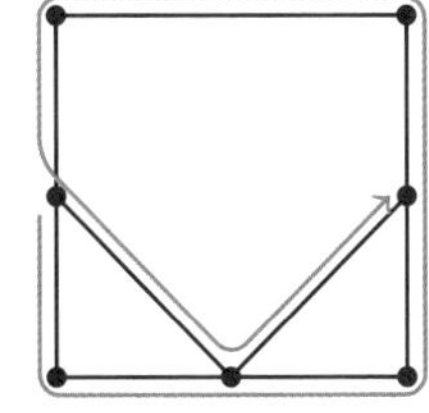
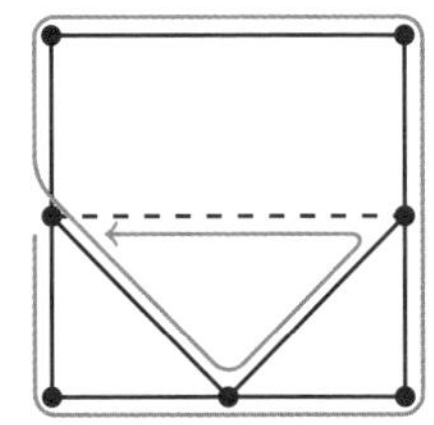

(2)　オイラー小道がある　⇐　奇点が 2 個

奇点が 2 個だけとする．新しい辺を付け加えてその 2 点を結ぶと，すべての頂点の次数は偶数になるので，先ほど示したことよりオイラー回路がある．そのオイラー回路から付け加えた新しい辺を取り除くと，2 つの奇点を始点，終点とする，元のグラフのオイラー小道が得られる．

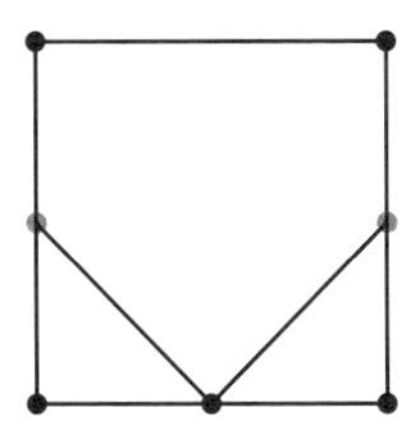
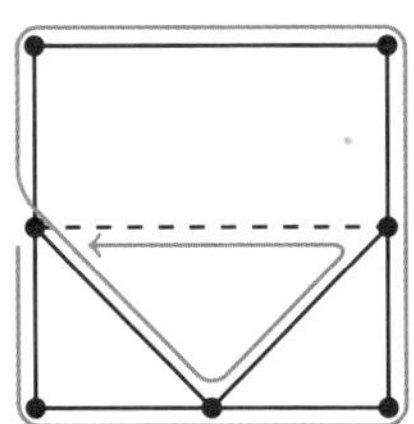

問題 2.2　グラフの奇点に○をつけて，○が 0 個ならどこから始めても一筆書きができて，○が 2 個ならそれらを始点終点とする一筆書きができて，○が 4 個以上なら一筆書きができないことを確かめよ．

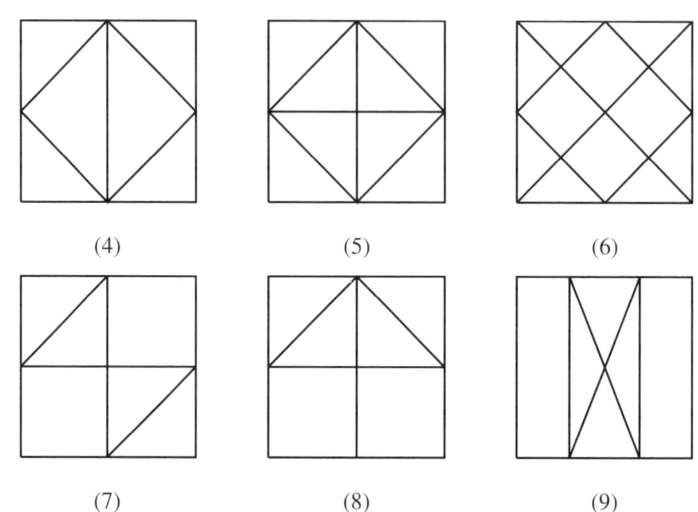

2.5　ケーニヒスベルクの橋の問題解決

ケーニヒスベルクは，川で区切られた土地が 4 箇所あるので，それを 4 個の頂点で表して，土地と土地との間に橋が架かっていたら，対応する 2 頂点間を辺で結ぶことで，グラフが得られる．

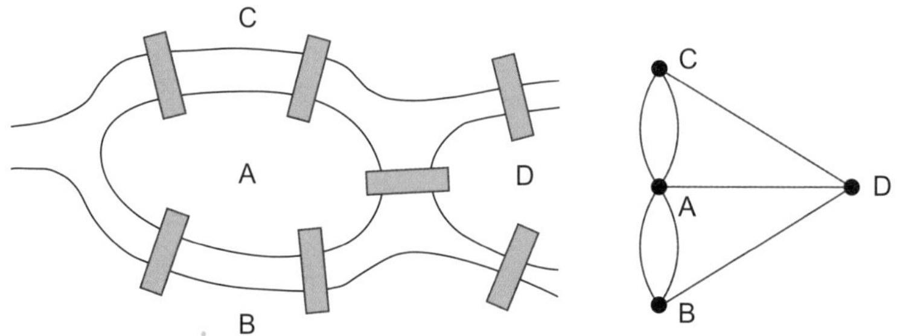

全ての橋を一度だけ通って行けることは，このグラフにオイラー小道あるいはオイラー回路があることと同じこと．

ところが，このグラフの奇点の個数は 4 個なので，オイラー小道もオイラー回路もない．したがって，全ての橋を一度だけ通って行くことはできない．

2.6　ケーニヒスベルクの王子たち

ケーニヒスベルクの青砦，黒砦に住む二人の王子が，川の中島にある酒場を訪れては喧嘩ばかりしていた．業を煮やした王様が，二人の王子に次のような命令を出した．

> 外出するときは街中の全ての橋をすべて一度だけ渡ってから目的地に行くように

オイラーが証明したとおり，そのようなことは不可能なので，二人ともどこにも外出ができなくなった．

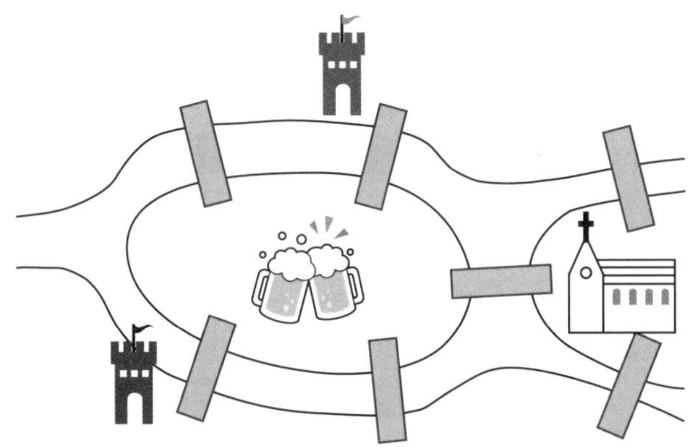

そこで，青砦の王子は「新しい橋を架ければいいんじゃないか」と閃いた．さて，青砦から酒場には行けるが，黒砦から酒場には行けないように8本目の橋を架けるには，どこに架けたらよいか．

これに怒った黒砦の王子も新しい橋を架けてやろうと考えた．さて，黒砦から酒場には行けるが青砦から酒場には行けないように，8本目に加えて9本目の橋を架けるには，どこに架けたらよいか．

この様子を見てあきれた大聖堂の司教は，さらに10本目の橋を架けて，二人の王子とも外出はできるが目的地は自分の砦しかないようにした．さて，橋はどこに架けたのだろうか．

2.7　ドミノひとり遊び

ドミノは0から6の目が2つ合わさってできているが，そのうち異なる目が合わさっているのは，全部で，$1+2+3+4+5+6=21$ 個ある．

これらのドミノを一列に並べて遊ぼう．ただし，次のように同じ目をくっつけるのが条件だ．

……

始めに，0, 1, 2 の目だけでできた 3 個だけを並べる．簡単に

と並べられる．

では，0, 1, 2, 3 の目でできた，

の 6 個を並べよう．

しかし，ちょっと頑張ってもこれを並べることはできない．

では，0〜4 の目でできた

の 10 個はどうか．これは，頑張ればできる．

次は，0〜5 の目でできた 15 個を並べよう．できるだろうか．

最後に，0〜6 の目でできた 21 個を並べよう．

並べられるかどうか，やってみた結果をまとめてみると，

- 0〜2 の目の 3 個：できる．
- 0〜3 の目の 6 個：できない．
- 0〜4 の目の 10 個：できる．
- 0〜5 の目の 15 個：できなさそう．
- 0〜6 の目の 21 個：個数が多いので並べられるか分からない．

この問題は，一筆書きで解決できる．

ドミノの目を頂点にして，異なる目のドミノを，その2つの目に対応する頂点を結ぶ辺とみなすと，グラフができる．

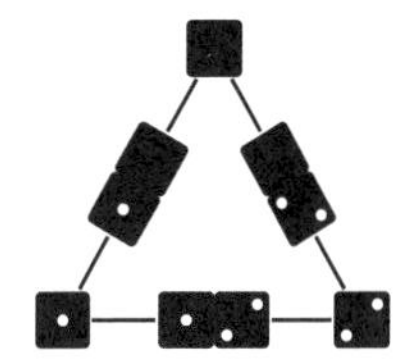

0〜2の目に限定した　　　の場合は右図のようになる．

全てのドミノを（同じ目をくっつけて）並べることは，このグラフの全ての辺をたどって行くことと同じである．たとえば上のグラフの場合には3つの辺をたどることで，　　　と並べることができる．

したがって，そのようにして作ったグラフにオイラー小道あるいはオイラー回路があれば並べられるし，なければ並べられないということになる．

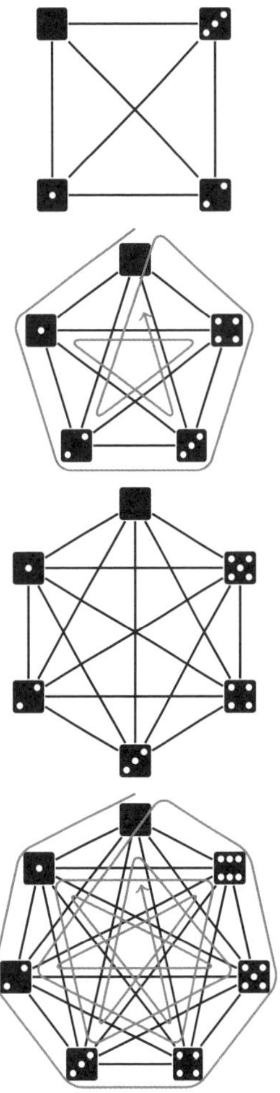

0〜3の目でできた　　　の場合は右のグラフとなるが，奇点が4個なので，オイラー小道もオイラー回路もない．したがって，ドミノを並べることは，できない．

0〜4の目の場合は右のグラフとなる．これには図のようなオイラー回路があるので，それに従ってドミノを並べると，

となる．

0〜5の目のドミノ15個の場合は右のグラフとなるが，奇点が6個なので，オイラー小道もオイラー回路もない．したがって，ドミノを並べることは，できない．

0〜6の目のドミノ21個の場合は右のグラフとなる．奇点はないので，オイラー回路があり，したがってドミノを並べることができる．

2.8　除雪車のルート

一筆書きの実用的な応用を紹介しよう．

例題 2.1　ある街の道路は次の図のようになっていて，総延長 25 km である．除雪車は車庫から出発して，全ての道路を 1 回以上通って除雪したあと，車庫に戻る．さて，走行距離を最短で済ますと何 km でできるだろうか．

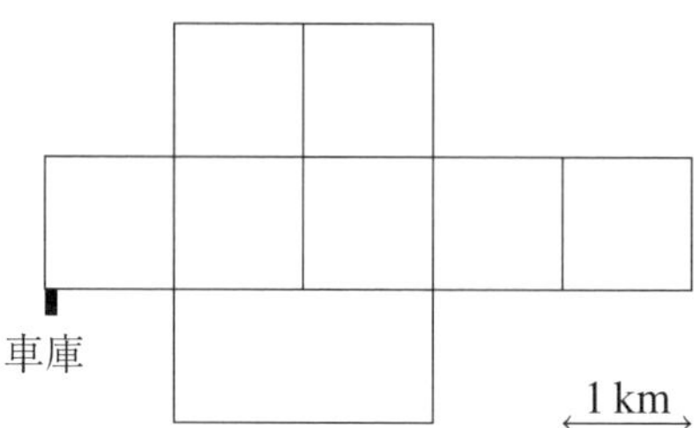

[解答]　全ての道路を 1 回だけ通って行けたとすると走行距離は 25 km である．ところが，このグラフには奇点が 4 個あるのでオイラー回路は存在せず，そのような走行はできない．したがって，いくつかの道路は 2 回通らなければならないので，その余分な走行を最短にすれば良い．2 回通った道路を 2 重の辺としてグラフを描き直したときにオイラー回路があれば車庫に戻れる．したがって，その余分な走行は元のグラフの 4 個の奇点を結ぶ 2 本の道であり，それを最短な道路で選ぶと下図のようになる．余分な走行は 3 km なので，答は 28 km.

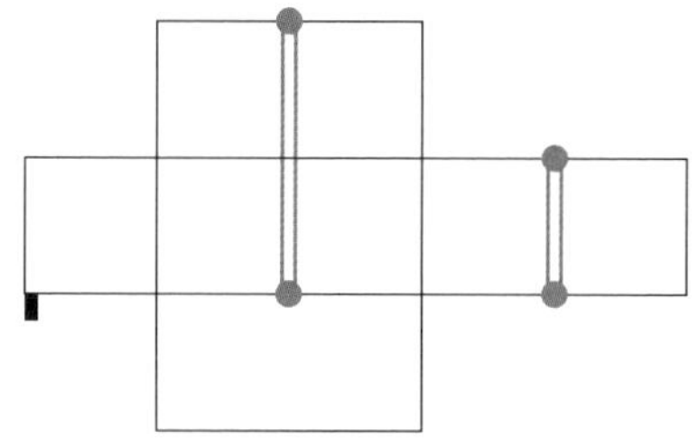

3 多面体

3.1　オイラーの多面体定理

絵を描こう

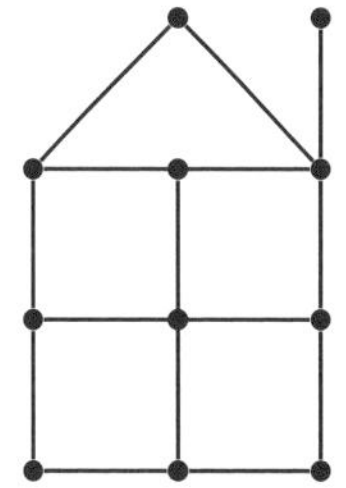

点と線とを使って，絵を描こう．ただし，

- 全体が繋がっている
- 線の分岐点，線の先端に，すべて点を打つ

が条件である．ここでは，その点を**頂点**，頂点と頂点とを結ぶ線を**辺**，すべての辺で平面を切り離したときにできる 1 つの部分のことを**面**と呼ぶ．

絵が描けたら，頂点の個数，辺の個数，面の個数を数えよう．右の絵の場合は，頂点が 11 個，辺が 15 個，面が 6 個である．面には，外側の部分も含まれていることに注意．そして，

$$\text{頂点の個数} - \text{辺の個数} + \text{面の個数}$$

を計算する．右の絵の場合は，

$$11 - 15 + 6 = 2$$

である．実は，この値は常に 2 となる．

オイラーの多面体定理

定理 3.1　オイラーの多面体定理

平面上に描いた全体が繋がった絵では次が成立する．

$$\text{頂点の個数} - \text{辺の個数} + \text{面の個数} = 2$$

この定理が多面体定理と呼ばれる理由は，多面体の頂点と辺と面との個数についても，同じ式が成り立つからである．これは，多面体の一つの面を

外して，全体がその中に入るように多面体を潰すと，平面上の図になることから理解できる．外した一つの面は，図の外側の面になったと考えれば，多面体の面の個数と図の面の個数とは同じになる．たとえば，立方体の底面を外して残りを平面に潰したら次のような図になる．この場合は，頂点数 8，辺数 12，面数 6 で，$8 - 12 + 6 = 2$ となる．

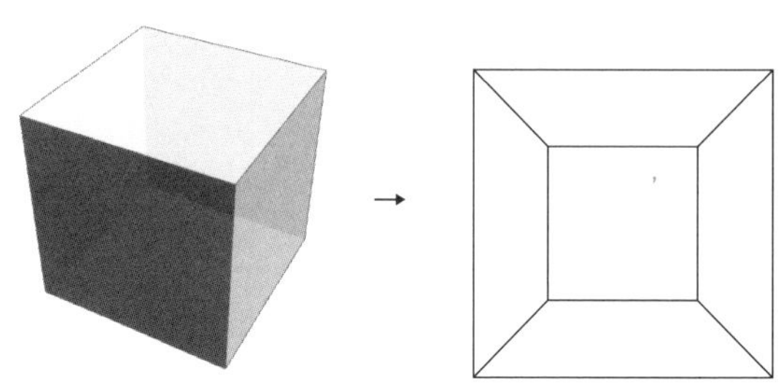

どんな絵でも値が同じという不思議な定理であるが，次のように簡単に証明できる．

［証明］　全体が繋がっている絵は，最初に 1 頂点を打ったあと，次の (a) あるいは (b) を繰り返すことで描ける．

(a)　新しい頂点を描き，その頂点と他の頂点とを 1 本の辺で結ぶ

(b)　既にある 2 頂点を 1 本の辺で結ぶ

(a)　頂点と辺とがそれぞれ 1 個増えるが，点数 − 辺数 + 面数 の値は変わらない．

(b)　辺と面とがそれぞれ 1 個増えるが，点数 − 辺数 + 面数 の値は変わらない．

最初に 1 個点を打った時点では 頂点数 − 辺数 + 面数 $= 1 - 0 + 1 = 2$ なので，その値は (a) または (b) を繰り返して絵が完成するまで 2 のままである．■

例題 3.1　平面上に 100 個の点を打ち，それを 300 個の辺で結んで全体が繋がった絵を描いた．このとき，平面はこの絵で何個の面に分割されるか．

［解答］　面の個数を r とすると，オイラーの多面体定理より $100 - 300 + r = 2$ なので，$r = 202$ となる．■

●点を線で結べますか？

いきなりだが，次の問題を考えてみよう．

例題 3.2　平面上にある 5 個の点のすべての組を，交わらない 10 本の曲線で結ぶことはできるか．

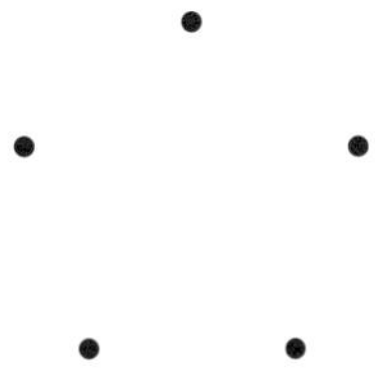

これはどうやっても結べそうにない．では，結べないことの証明はどうするか．できないことを証明するためには，頑張ってやってみても仕方がない．「頑張ってもできません」では，「頑張りが足りない」と言われておしまいだ．不可能の証明は，背理法を用いて「できると仮定したら，矛盾が生じる」ということを示せば良い．

［解答］　結べない．

証明：5 個の点を 10 本の線で結べたとして矛盾を導く．先ほどの定理より，頂点数 − 辺数 + 面数 = 2 なので，5 − 10 + 面数 = 2 となり，どのように結んだとしても面の個数は 7 であることが分かる．1 つの面は 3 個以上の辺の側で囲まれているので，辺の側の個数は $3 \times 7 = 21$ 以上．しかし，辺は 10 本しかないので辺の側は 20 個だけ．これは矛盾である．∎

では，次の問題も考えてみよう．

例題 3.3　3 個ずつ上下に並んだ 6 個の点の上下の全ての組を，交わらない 9 本の曲線で結ぶことはできるか．

はやり，これもできない．先ほどと同様に背理法で証明しよう．

［解答］　結べない．

証明：上下 6 個の点を 9 本の線で結べたとして，矛盾を導く．先ほどの定理より，頂点数 − 辺数 + 面数 = 2 なので，6 − 9 + 面数 = 2 となり，どのように結んだとしても面の個数は 5 であることが分かる．
1 つの面は 3 個以上の辺の側で囲まれているので，辺の側の個数は $3 \times 5 = 15$ 以上．しかし，辺は 9 本しかないので辺の側は 18 個だけ．
あれ？矛盾にならない．

これは，失敗．でも，よく考えてみると，点は上下に分かれているので，一つの面を囲む辺をたどると上下上下と繰り返し，面を囲む辺の個数は偶数であることが分かる．そこで，先ほどの証明の途中からやり直そう．

証明の途中から：　面の個数は 5 であることが分かる．1 つの面は 3 以上の偶数，すなわち 4 個以上の辺の側で囲まれているので，辺の側の個数は $4 \times 5 = 20$ 以上．しかし，辺は 9 本しかないので辺の側は 18 個だけ．これは矛盾である．∎

● 浮き輪に描いた絵

さて，頂点数 − 辺数 + 面数 の値がいつも同じになる，というのも不思議だが，2 という中途半端な数になるのも不思議である．この 2 という値は何を表しているのか．

この問いをすると，「それは描いた場所が 2 次元の平面だから」という答えが返るときがある．確かに，描いた場所は平面でそれは 2 次元であるが，それが理由ではない．

しかし，描いた場所に注目したのは正しく，実は，2 という値は，絵が平面あるいは球面上に描かれている，ということを表している．では，2 でなくなるのは，どのような場所に描いたときであろうか．

そこで，浮き輪（トーラス）の上に描いてみる．ただし，

- 全体が繋がっている

という条件の表現を変更して，

 ＊ すべての面に，穴が空いていない

とする．繋がっていないような絵ではどこかの面に穴が空くので，平面上に限ると，これは同じことを言い換えただけである．

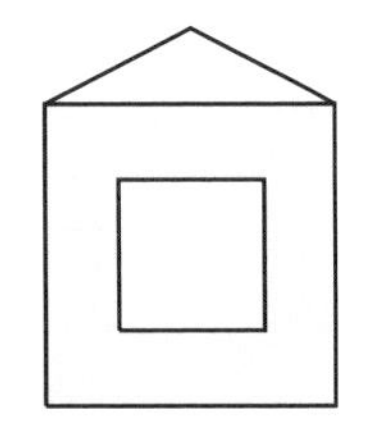

全体が繋がっていないと，穴の空いた面ができる．

次の絵の場合，頂点は 4 個，辺は 8 個，面は 4 個なので，

$$頂点数 - 辺数 + 面数 = 4 - 8 + 4 = 0$$

となる．

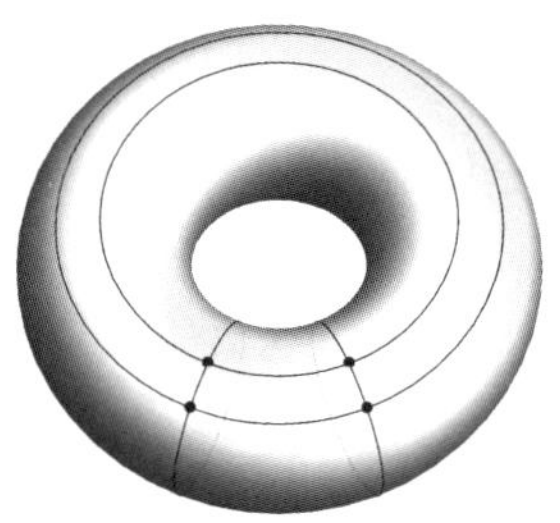

浮き輪（トーラス）上に描いた，条件 * を満たす絵では次が成立する．

$$頂点数 - 辺数 + 面数 = 0$$

人に，ビーチボールあるいは浮き輪の上に（上の条件を満たす）絵を自由に描いてもらって，その 頂点数 − 辺数 + 面数 の値を聞くだけで，その人がビーチボールと浮き輪とのどっちに描いたのかが分かるのだ．

2 と 0 とがあるのなら，他にもあるのだろうか．2 人乗りの浮き輪に描いた次図で計算してみると，頂点数 − 辺数 + 面数 $= 3 - 7 + 2 = -2$ となる．

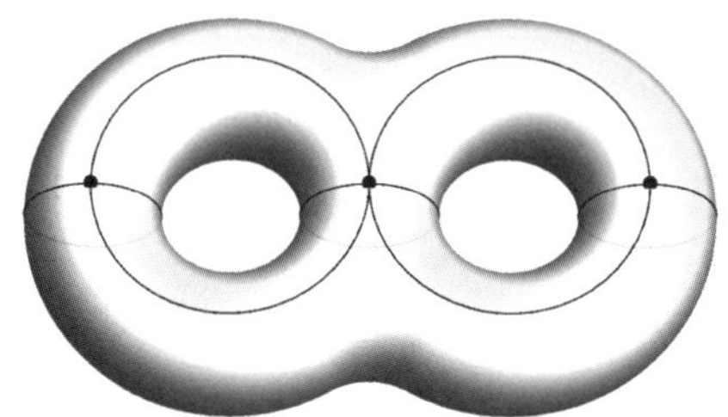

一般には次が成り立つ．

n 人乗りの浮き輪に，条件 * を満たす絵では次が成立する．

$$頂点数 - 辺数 + 面数 = 2 - 2n$$

このように，条件 * を満たす絵ならば，頂点数 − 辺数 + 面数 の値は，描いた絵に依存せず，それが描かれた曲面により定まってる．この値をその曲面のオイラー標数という．

3.2　正多面体

● たった **5** 種類の正多面体

2 次元平面の図形で「正」がつくものとしては「正多辺形」があり，その種類は，正 3 辺形，正 4 辺形，正 5 辺形... と無数にある．

同様に，3 次元空間の図形で「正」がつくものには「正多面体」がある．その定義は，「全ての面が合同な正多辺形でできていて，しかも全ての頂点に集まる辺の個数（面の個数）が等しい多面体」である．正多辺形の種類が無限にあったのに対して，正多面体の種類は次の 5 種類だけとなる．これは不思議だ．

定理 3.2

正多面体には，次図の，正 4 四面体，正 6 面体，正 8 面体，正 12 面体，正 20 面体の 5 種類しかない．

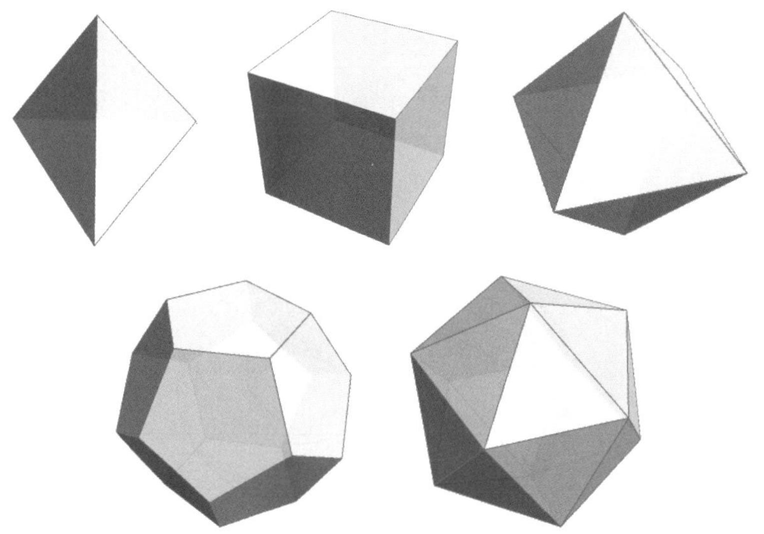

このことを証明するにも，オイラーの多面体定理が役に立つ．

［証明］　正多面体の頂点数を p，辺数を q，面数を r，頂点の次数（頂点に接続する辺の本数）を a，面の次数（面を囲む辺の本数）を b とする．頂点の次数は 3 以上，面は 3 辺形以上なので，$a, b \geq 3$ である．

頂点次数の総和は ap であるが，それは辺の両端の総数 $2q$ に等しいので，$ap = 2q$，すなわち $p = \frac{2}{a}q$．また，面次数の総和は br であるが，それは辺の両側の総数 $2q$ に等しいので，$br = 2q$，すなわち $r = \frac{2}{b}q$．

これをオイラーの多面体定理 $p - q + r = 2$ に代入すると，

$$\frac{2}{a}q - q + \frac{2}{b}q = 2\left(\frac{1}{a} + \frac{1}{b} - \frac{1}{2}\right)q = 2$$

となる．ここで $q > 0$ なので

$$\frac{1}{a} + \frac{1}{b} > \frac{1}{2}$$

を得る．

この不等式を満たす 3 以上の自然数 a, b の組は，

$$(a, b) = (3,3),\ (3,4),\ (4,3),\ (3,5),\ (5,3)$$

の 5 組だけである．それぞれの場合において $q = \dfrac{1}{\frac{1}{a} + \frac{1}{b} - \frac{1}{2}}$，$p = \dfrac{2}{a}q$，$r = \dfrac{2}{b}q$ の値は，

$$(p, q, r) = (4,6,4),\ (8,12,6),\ (6,12,8),\ (20,30,12),\ (12,30,20)$$

となり，これらは正 4 面体，正 6 面体，正 8 面体，正 12 面体，正 20 面体を意味している． ■

● 双子の正多面体

この 5 種類の正多面体の中に，2 組の双子がいる．それを見つけて欲しい．

双子を見つけるヒントは，先ほどの証明で計算した，頂点次数，面次数，頂点数，辺数，面数にある．その値を一覧表にしてみる．

	正 4 面体	正 6 面体	正 8 面体	正 12 面体	正 20 面体
頂点次数	3	3	4	3	5
頂点数	4	8	6	20	12
辺数	6	12	12	30	30
面数	4	6	8	12	20
面次数	3	4	3	5	3

この中で似たものを探すと，正 6 面体と正 8 面体とが似ていて，頂点と面とを入れ替えて，逆順にしたものになっている．また，正 12 面体と正 20 面体とも同様に，互いにちょうど逆順になっている．このような双子のことを，双対な多面体という．

すると，正多面体の中に双子からあぶれた残りが 1 つだけある．それは正 4 面体であるが，その表の値をみると，上から読んでも下から読んでも同じ，3, 4, 6, 4, 3 になっている．すなわち，正 4 面体の双子の相手は自分自身ということになる．このことを自己双対という．

次の図を見ると，これらの双対性を実際に目にすることができる．相手の面の真ん中に自分の頂点があり，自分の面の真ん中に相手の頂点があり，相手の一辺と自分の一辺とが交わる．このことから，互いに頂点と面とを

入れ替えたものになっていることが分かる．

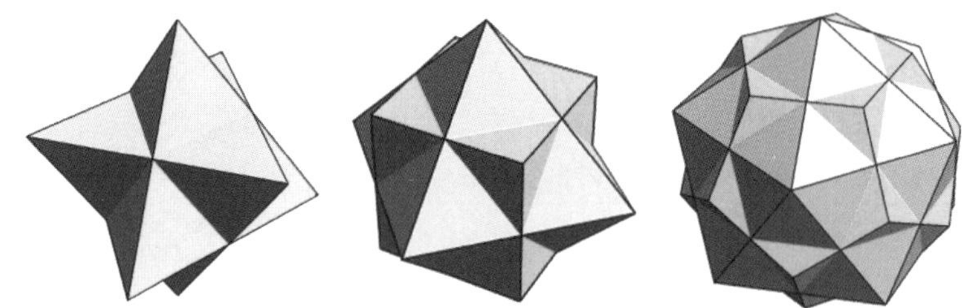

3.3　サッカーボール

この写真は，白地に黒の 5 角形がある，よく見かけるサッカーボールである．さて，この黒い 5 角形は何個あるだろうか．じつは，数えなくても計算すればその個数が分かるのだ．求めてみよう．

写真をもう少しよく見ると，サッカーボールを構成している面は 5 角形あるいは 6 角形であるので，そこで，その 5 角形の個数を a，6 角形の個数を b とすると，これらをバラバラにしたときの角の総数，辺の総数はどちらも $5a+6b$ である．

サッカーボールを多面体と思うと，一つの頂点には 3 個の面の角が集まっていて，また当然，一つの辺には 2 個の面が接続しているので，頂点の個数を p，辺の個数を q，面の個数を r とすると，$3p = 5a+6b$，$2q = 5a+6b$ すなわち $p = \dfrac{5a+6b}{3}, q = \dfrac{5a+6b}{2}$ となり，また当然 $r = a+b$ である．これをオイラーの多面体定理に代入すると，

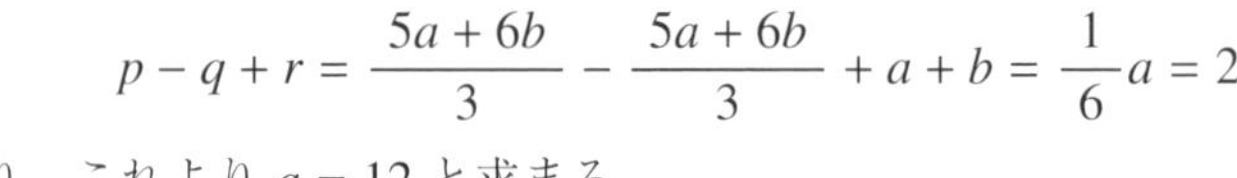

$$p-q+r = \frac{5a+6b}{3} - \frac{5a+6b}{3} + a + b = \frac{1}{6}a = 2$$

となり，これより $a = 12$ と求まる．

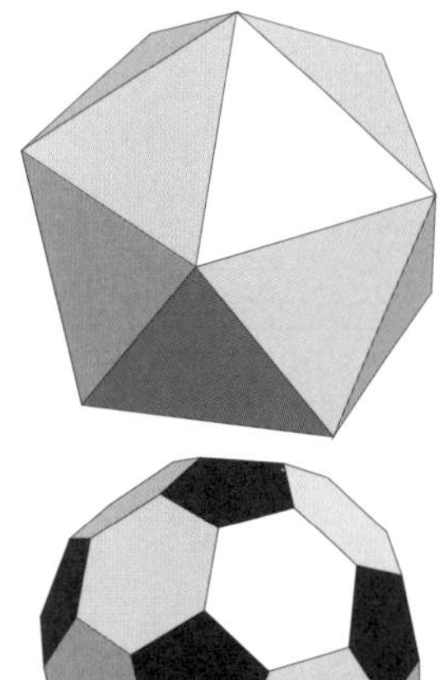

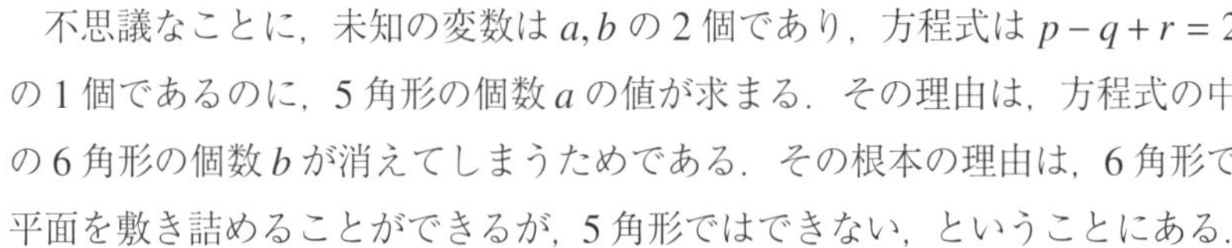

不思議なことに，未知の変数は a, b の 2 個であり，方程式は $p-q+r=2$ の 1 個であるのに，5 角形の個数 a の値が求まる．その理由は，方程式の中の 6 角形の個数 b が消えてしまうためである．その根本の理由は，6 角形で平面を敷き詰めることができるが，5 角形ではできない，ということにある．

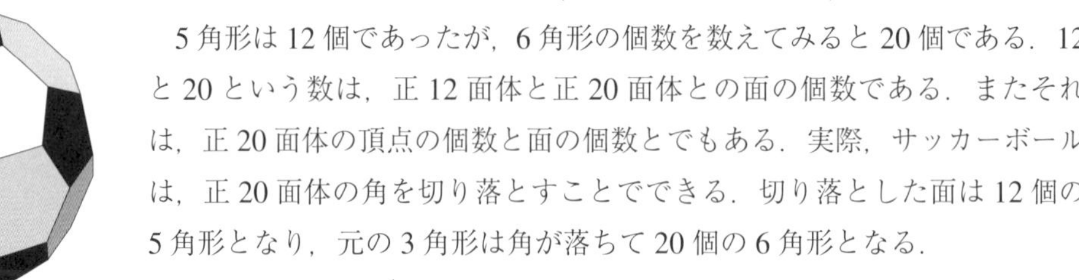

5 角形は 12 個であったが，6 角形の個数を数えてみると 20 個である．12 と 20 という数は，正 12 面体と正 20 面体との面の個数である．またそれは，正 20 面体の頂点の個数と面の個数とでもある．実際，サッカーボールは，正 20 面体の角を切り落とすことでできる．切り落とした面は 12 個の 5 角形となり，元の 3 角形は角が落ちて 20 個の 6 角形となる．

4 次元の正多胞体

4.1　次元

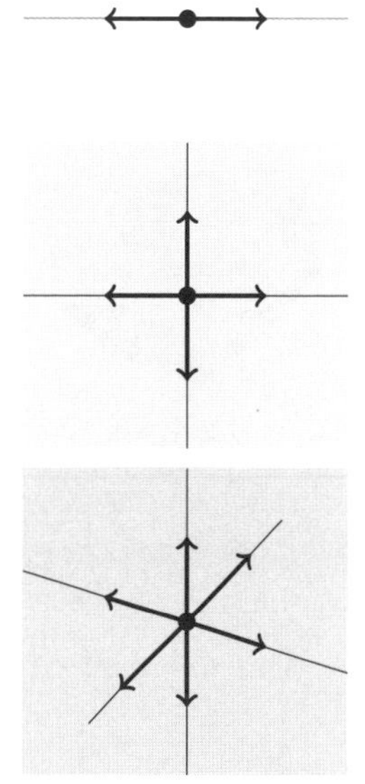

直線は 1 次元，平面は 2 次元，空間は 3 次元．これはみんな知っている．次元とは何だろう．それは，動くために基本となる方向の個数のことだ．

直線上での動きは，前後の方向しかない．後ろに 3 行くということは，前に −3 行くと言えるので，直線上で動ける方向は 1 つと言っても良いだろう．だから，直線は 1 次元であるという．

平面上での動きは，前後と左右の 2 つある．これが基本的な方向で，この 2 つで全ての方向を表すことが出来る．例えは右斜め前という方向は前に 3 で右に 2 と言うふうに，前後と左右とを組み合わせて表すことが出来る．だから，平面は 2 次元である．

空間内での動きは，前後，左右そして上下の 3 つの基本的な方向を組み合わせて表すことができる．だから，空間は 3 次元である．

4.2　4 次元

1 次元の世界では前後の方向がある．それに左右という方向を加えると，2 次元の世界となる．さらに，上下という方向も加えると，3 次元の世界となる．ここで大事なことは，「新しく加える方向は，それまでの世界にはなかった方向」ということ．そこで，前後，左右，上下の 3 つの基本的方向がある 3 次元のこの世界に，この世界はない新しい方向を加えると，4 次元の世界ができる．

3 次元のこの世界にはない方向などは想像もできないが，4 次元を数学的に構築するのは簡単だ．3 次元の空間 $\mathbb{R}^3$ は x, y, z の 3 つの座標で表された

点 (x, y, z) の集まりということで，

$$\mathbb{R}^3 = \{(x, y, z) \mid x, y, z \in \mathbb{R}\}$$

と表すことができる．この座標の個数を 4 個にして，

$$\mathbb{R}^4 = \{(x, y, z, w) \mid x, y, z, w \in \mathbb{R}\}$$

とするだけである．

物理的に理解する一つの方法は，3 次元空間の 3 つの方向 x, y, z に時間軸の方向 t を加えることだ．この世界を，空間の位置だけでなく時刻も含めて区別すると，それは 4 次元の世界となる．位置が同じ点でも時刻が異なれば違う点であるとするのである．

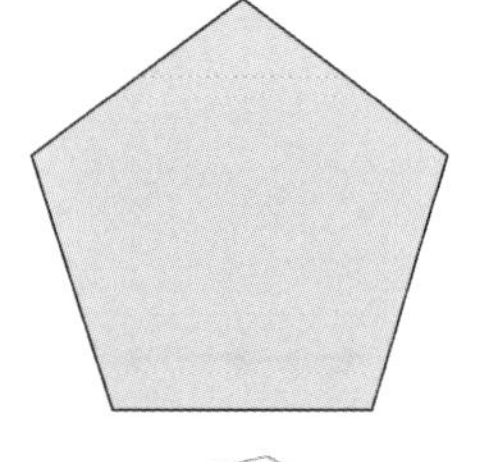

4.3 正多胞体

2 次元の平面上には正多辺形があり，3 次元の空間には正多面体がある．さらにもう 1 次元上げて，4 次元の空間には正多胞体と呼ばれるものがある．それは目には見えないが，どんな物であるかを考えて想像することはできる．

まず，何でできているかを考えよう．正多辺形はいくつかの同じ長さの辺でできていて，正多面体はいくつかの合同な正多辺形でできている．これから類推をすると，正多胞体はいくつかの合同な正多面体でできていると考えられる．すなわち，多面体の「面」は多辺形を意味し，多胞体の「胞」とは多面体を意味する．

では，正多胞体を見てみよう．

4.4 2 次元から 3 次元を見る

しかし，3 次元の我々からは，4 次元にある正多胞体は見ることが出来ない．3 次元の世界の我々が 4 次元の物を理解する助けになるのは，2 次元の世界の人が 3 次元の物を理解するにはどうすれば良いか，ということを考えることである．

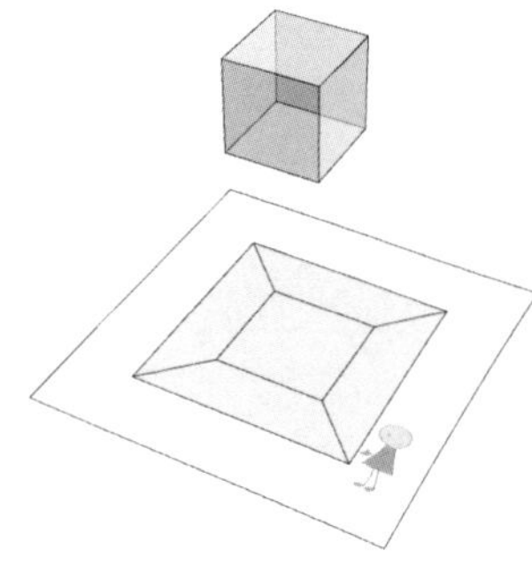

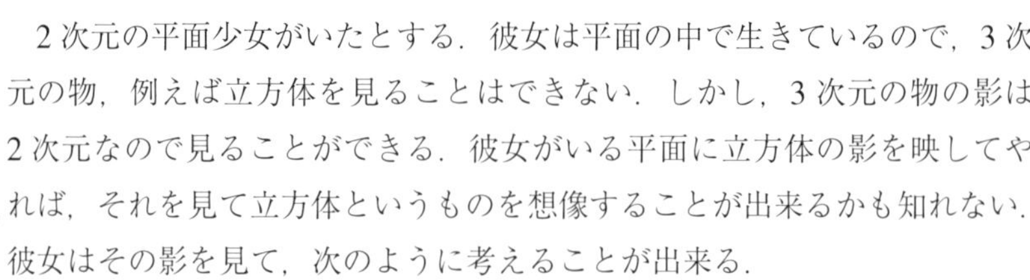

2 次元の平面少女がいたとする．彼女は平面の中で生きているので，3 次元の物，例えば立方体を見ることはできない．しかし，3 次元の物の影は 2 次元なので見ることができる．彼女がいる平面に立方体の影を映してやれば，それを見て立方体というものを想像することが出来るかも知れない．彼女はその影を見て，次のように考えることが出来る．

> 四角形が 5 個見える．真ん中のは正方形だが，その周りの 4 個は台形だ．でも，これは光が斜めから当たっていて歪んで映っ

ているだけで，元は正方形だろう．全体は大きな正方形だが，
これは光源に一番近い面が大きく映っているだけで元は全部
同じ大きさだろう．これは，6 個の正方形でできた図形だ！

このようにして，2 次元の世界の彼女にも立方体という物をある程度理解することが出来る．

4.5　3 次元から 4 次元を見る

では，今度は 3 次元の世界にいる我々が 4 次元の世界の物を見る番だ．超立方体（4 次元の立方体，正 8 胞体）を見てみよう．2 次元の彼女に立方体の影を見せてあげたと同じように，4 次元の世界にある超立方体に光をあてて，その影を我々が住んでいる 3 次元空間に映した物を見てみよう．これを見て，彼女と同じように考えてみよう．

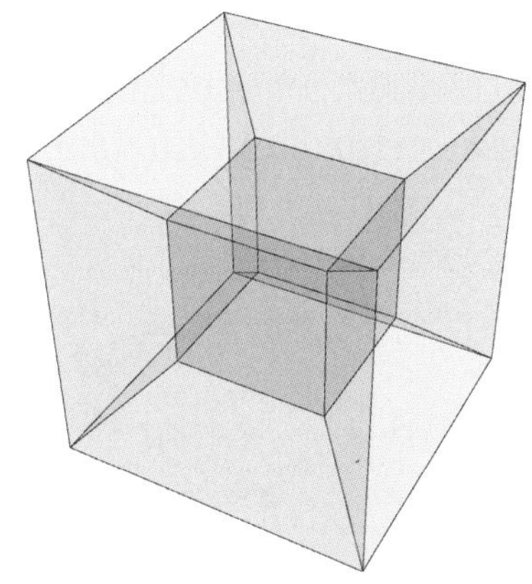

6 面体が 7 個見える．真ん中のは立方体だが，その周りの 6 個は台形体だ．でも，これは光が斜めから当たっていて歪んで映っているだけで，元は立方体だろう．全体は大きな立方体だが，これは光源に一番近い立方体が大きく映っているだけで元は全部同じ大きさだろう．これは，8 個の立方体でできた図形だ！

4.6　超立方体のしくみ

超立方体のしくみを考えてみよう．その前に，正方形，立方体のしくみをおさらいしておく．

2 次元の正方形の 3 次元版が立方体である．それぞれ，中心を原点に置き，辺を座標軸に平行で長さが 2 としておく．

● 正方形のしくみ

正方形は，$(\pm1, \pm1)$ の 4 個の頂点と，$(\pm1, 0), (0, \pm1)$ を中点とする 4 個の辺でできている．

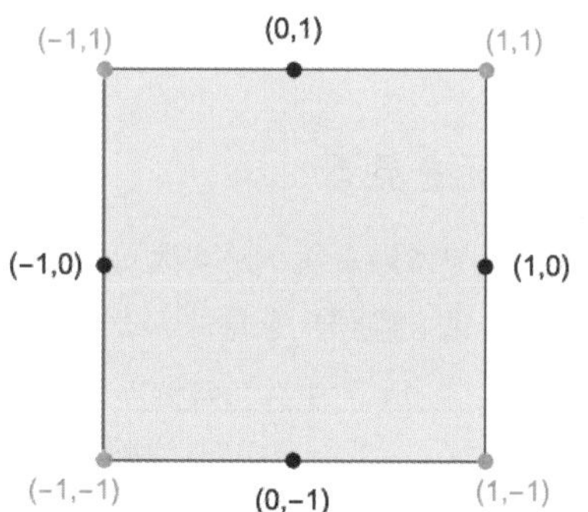

● 立方体のしくみ

立方体は，$(\pm1, \pm1, \pm1)$ の 8 個の頂点と，$(0, \pm1, \pm1), (\pm1, 0, \pm1), (\pm1, \pm1, 0)$ を中心とする 12 個の辺と，$(\pm1, 0, 0), (0, \pm1, 0), (0, 0, \pm1)$ を中心とする 6 個の面とでできている．

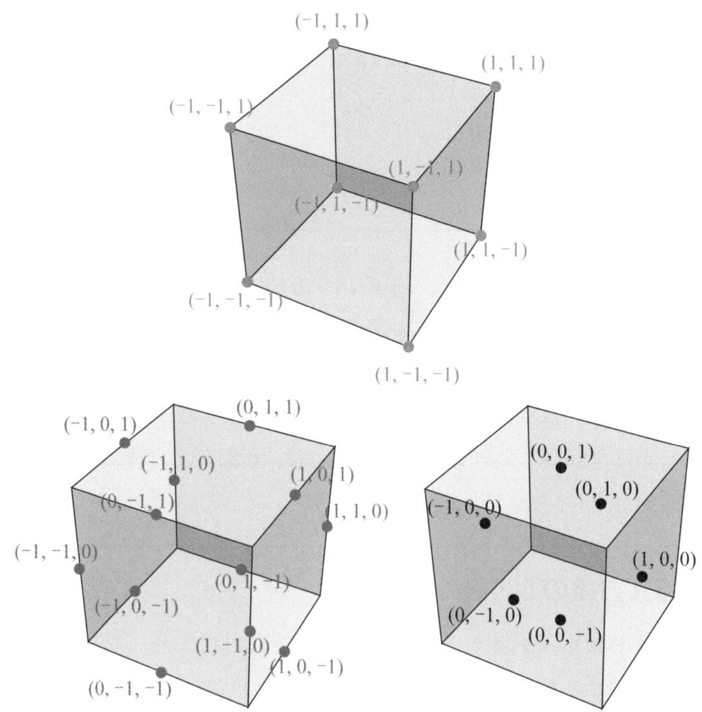

● 超立方体のしくみ

これから類推すると，立方体のさらに親玉である超立方体と呼ばれる多胞体は，$(\pm1, \pm1, \pm1, \pm1)$ の 16 個の頂点と，$(0, \pm1, \pm1, \pm1), (\pm1, 0, \pm1, \pm1),$

$(\pm1, \pm1, 0, \pm1), (\pm1, \pm1, \pm1, 0)$ を中心とする 32 個の辺と $(\pm1, \pm1, 0, 0), (\pm1, 0, \pm1, 0), (0, \pm1, \pm1, 0), (\pm1, 0, 0, \pm1), (0, \pm1, 0, \pm1), (0, 0, \pm1, \pm1)$ を中心とする 24 個の面と，$(\pm1, 0, 0, 0), (0, \pm1, 0, 0), (0, 0, \pm1, 0), (0, 0, 0, \pm1)$ を中心とする 8 個の胞とでできている．8 個の胞でできているので，正 8 胞体ともいう．

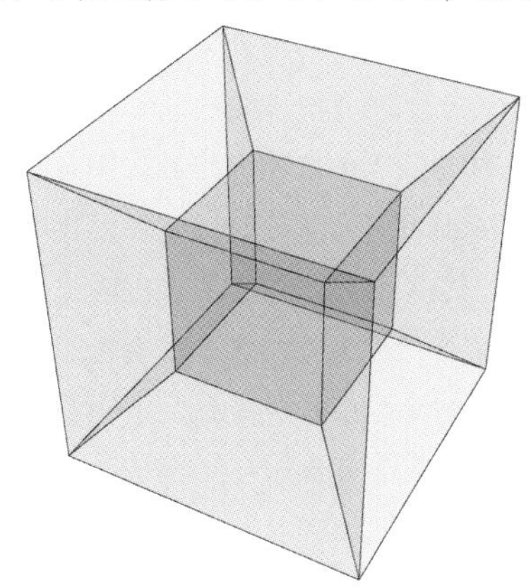

4.7　超立方体の展開図

しかし，4 次元の座標なんて見えないので，やはりその姿は我々には見えない．そこで，展開図を見て想像することにしよう．なぜなら，展開図は 1 つ低い次元のものになるからだ．例えば，立方体は 3 次元の物だが，その展開図は 2 次元の物になる．そして，超立方体（正 8 胞体）の展開図は次図のようになる．

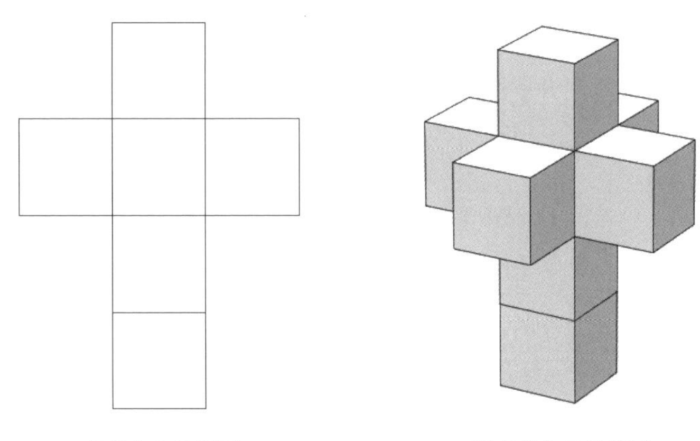

立方体の展開図　　超立方体の展開図

しかし，この立方体が 8 個くっついた物を，どのようにして折り曲げるのか想像もつかない．そのときに，2 次元の世界の彼女のことを考えるのが役に立つ．彼女には立方体の展開図は見えるが，それを折り曲げるなんて想像もつかないだろう．なぜならば，折り曲げる方向は，平面から外れた彼女の知らない方向だからだ．想像を膨らませて，その方向を思い浮かべて折り曲げるしかない．だから3次元世界の我々も超立方体を想像するには，自分たちの住んでいるこの3次元空間から外れた，自分たちには分からない4番目の方向があって，その方向に展開図を折り曲げる，と無理矢理に想像するしかない．

展開図の1つの立方体を我々の3次元空間に固定して，それに面でくっついている立方体を折り曲げると，それはすでに我々の3次元空間にはないので我々の目には見えなくなってしまうが，固定した立方体の面のところでまだくっついていて形は立方体のままである．そして，全体を折り曲げると，立方体の展開図が丸まって完成するように，超立方体（正8胞体）が完成する．

4.8　その他の正多胞体

3次元の世界の正多面体には，正4面体，正6面体，正8面体，正12面体，正20面体の5種類があった．そして，4次元の世界には全部で6種類の正多胞体がある．では，さらに想像もつかなくなるが，5次元以上の世界ではどのような正多胞体があるのだろうか．じつは，5次元以上では不思議なことに3種類しかないことが知られている．それらを，対応するものがわかるように，一覧にしてみる．

3次元	4次元	n 次元 $(n \geq 5)$
正4面体	正5胞体	正 $n+1$ 胞体
正6面体	正8胞体	正 $2n$ 胞体
正8面体	正16胞体	正 2^n 胞体
-	正24胞体	-
正12面体	正120胞体	-
正20面体	正600胞体	-

正多角形に無限種類のものがある2次元だけは例外だが，3, 4という次元は5次元以上と比べて多彩な正多胞体を持つ次元であることが分かる．3次元の正多面体5種類すべてについて，4次元にはその親玉とでも言うべき正多胞体がある．しかし，4次元の正24胞体にはそれに対応する3次元の正多面体がない．それは4次元という希有な次元でのみ現れる形であり，正8胞体と正16胞体とを合わせた形で，頂点が $(\pm1,0,0,0), (0,\pm1,0,0), (0,0,\pm1,0), (0,0,0,\pm1)$ の8点および $(\pm\frac{1}{2},\pm\frac{1}{2},\pm\frac{1}{2},\pm\frac{1}{2})$ の16点の合わせて24点となっている．

そのような形がある理由は，4 次元空間では $(\pm\frac{1}{2}, \pm\frac{1}{2}, \pm\frac{1}{2}, \pm\frac{1}{2})$ の原点からの距離がちょうど $\sqrt{\left(\frac{1}{2}\right)^2+\left(\frac{1}{2}\right)^2+\left(\frac{1}{2}\right)^2+\left(\frac{1}{2}\right)^2}=1$ となるからである．このようなことは，4 次元でしか起きない．

4.9　正 120 胞体

最後に，4 次元の正多胞体の中でもっとも美しいと思える正 120 胞体を解説しよう．これは，120 個の正 12 面体からできている．ここでは，正 120 胞体の 3 次元への正射影を見ることで，それを理解する．

その前に，正射影からその物の形を想像することを練習しよう．次の 2 つの図は，どちらも正 12 面体を平面に正射影したものである．

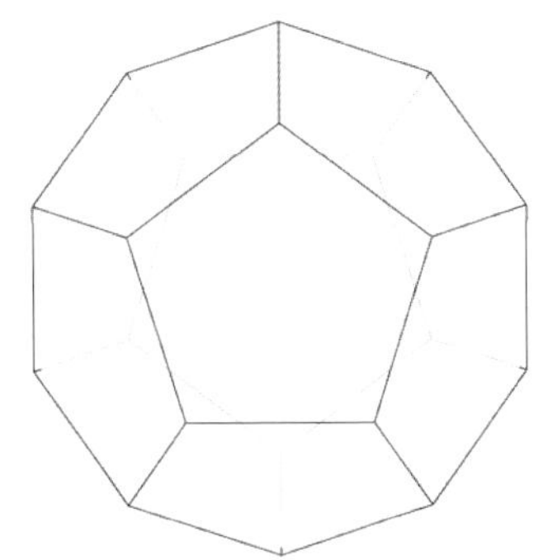

正 12 面体の正射影図 (1)

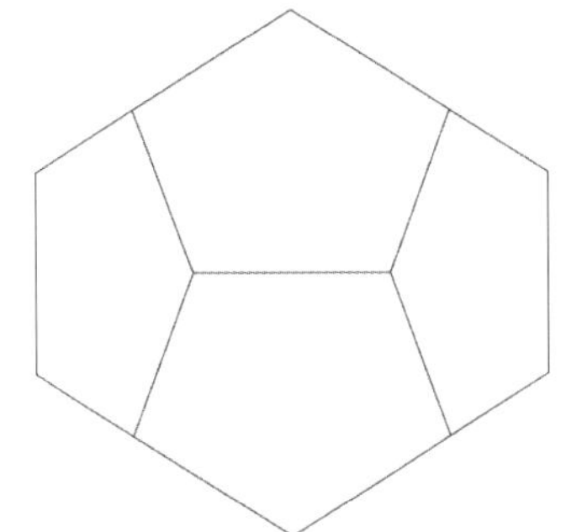

正 12 面体の正射影図 (2)

正射影図 (1) では，こちらから 5 角形が 6 個見えており，向こう側にも 6 個あることが分かる．中心の 5 角形は視線に対して正対しているので正五角形の形をしているが，周辺にある 5 個の 5 角形は視線に対して傾いているので扁平している．

正射影図 (2) では，こちら側に 4 個の 5 角形，向こう側にも同じく 4 個あり，合わせて 8 個しかないが，足りない 4 個は，視線に対して平行になっているため，つぶれて見えている．

さて，正 120 胞体の 3 次元空間への正射影図は次のようになる．

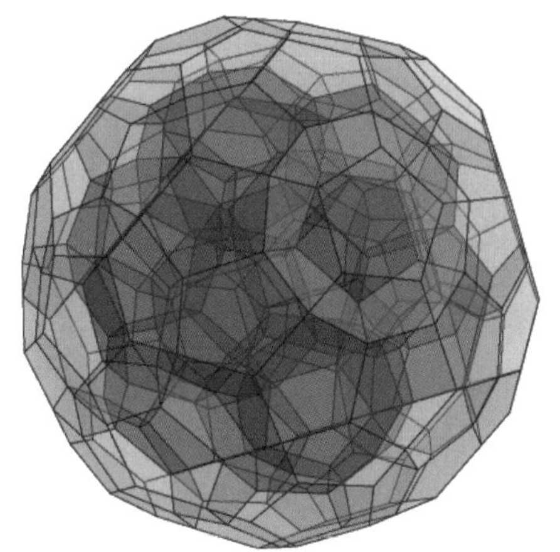

これは立体図形であるので一度に理解するのは困難である．そこで，中心部分から順に見ていくことで，全体を理解しよう．

(1) 中心部分に正 12 面体が 1 個ある．

(2) (1) の面に接する位置に 12 個の正 12 面体がある．

(3) (2) が作る凹みに 20 個の正 12 面体がある．

(4) (3) が作る穴に収まる 12 個の正 12 面体がある．

(5) 射影方向に平行になったため，6 辺形に潰れて見えている 30 個の正 12 面体がある．

ここで，(3) が入る (2) の凹みは (1) の正 12 面体の頂点の上にあるので 20 個であり，(4) が入る (3) の穴は (1) の正 12 面体の面の上にあるので 12 個であり，(5) の 6 辺形は (1) の正 12 面体の辺の上にあるので 30 個であることに注意しよう．

(1), (2), (3), (4) の完全に潰れてはいない正 12 面体は，こちら側からは見えない向こう側の同じ位置にもあるので，個数を 2 倍しなければならない．(5) の潰れた正 12 面体は，向こう側からも同じものが潰れて見えているので，個数を 2 倍してはいけない．したがって，この多胞体を形作る正 12 面体の個数は

$$(1 + 12 + 20 + 12) \times 2 + 30 = 120$$

となる．

想像をたくましくして，4 次元空間に浮かぶこの美しい形を思い浮かべてほしい．

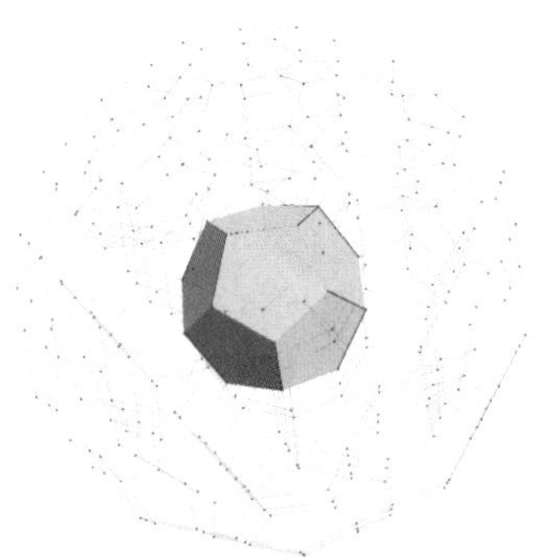

(1): 中心の正 12 面体

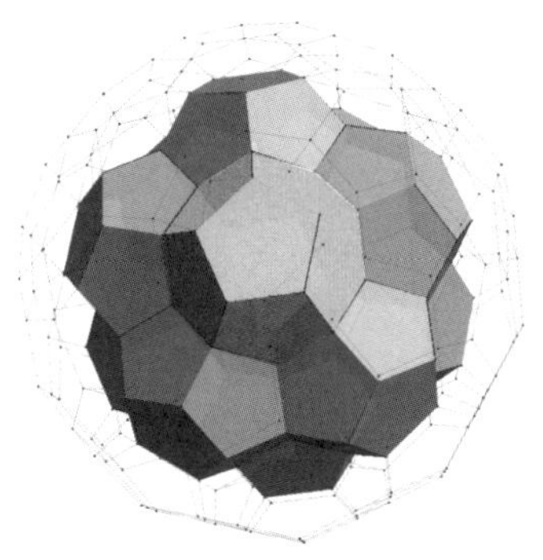

(2): (1) の面に接する 12 個の正 12 面体

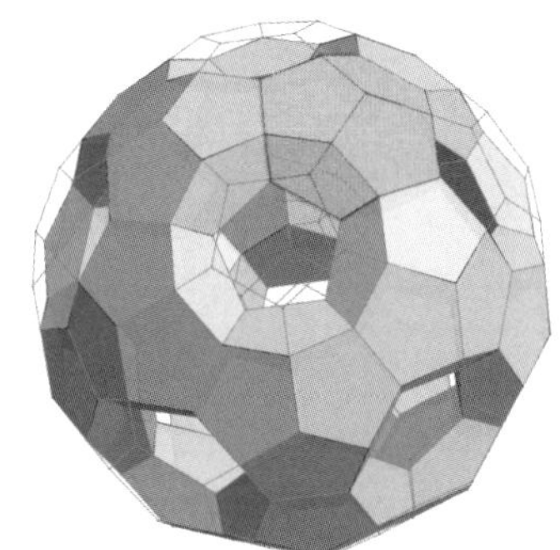

(3): (2) の凹みに収まる 20 個の正 12 面体

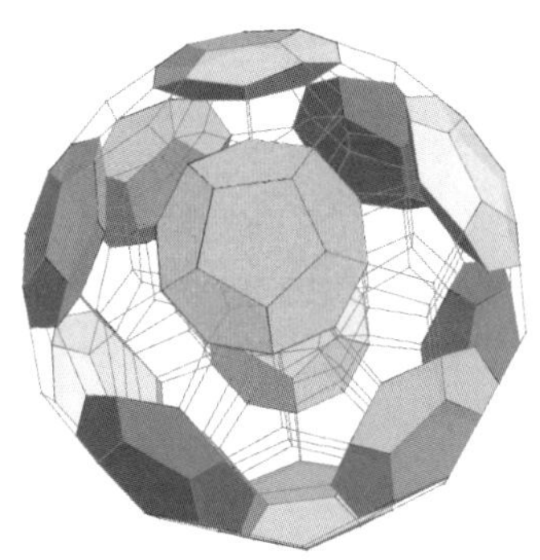

(4): (3) の穴に収まる 12 個の正 12 面体

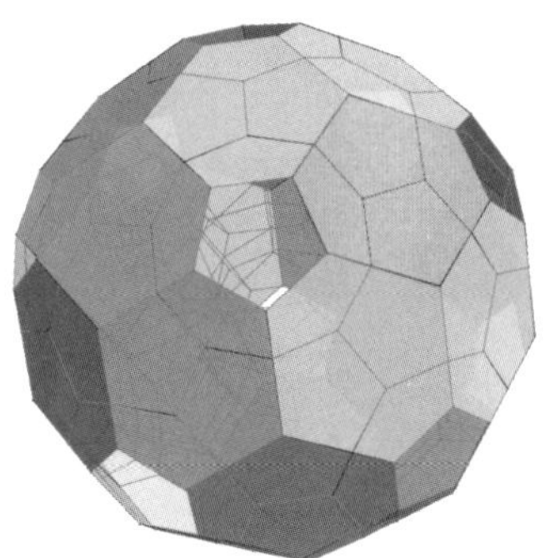

(5): 30 枚のつぶれた正 12 面体

5 トポロジー

5.1 幾何学と位相幾何学と

● 幾何学

幾何学とは図形の数学である．それは，古代エジプトでナイル川が氾濫した後に行った農地を定めるための測量から始まったと言われている．5000年前には既に，3 : 4 : 5 の比率で印を付けた縄を使って直角が作れることを知っていたようである．

紀元前 3 世紀頃，プトレマイオス朝エジプトのアレクサンドリアで，ユークリッド（エウクレイデス）によって著された「ユークリッド原論」は，始めて幾何学を体系的に記述したものである．

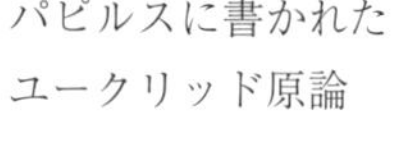

パピルスに書かれた
ユークリッド原論

● 同じ形とは

幾何学で対象とするのは，点，直線，円，三角形，四角形，立方体，球などであり，そこでは長さ，角度，面積，体積などが重要な要素となる．

同じ形，すなわち合同 (≡) とは，長さや角度がすべて同じで，動かすとぴたりと重なり合う図形のことをいう．逆に言えば，少しでも長さや角度が違えば異なる形となる．

このように，幾何学では，同じ形であるためには厳密さが要求される．

● 同じ形の定義を変えてみる

しかし，少しくらい違っていても同じ形と言いたい時もある．

例えば，バスケットボールもサッカーボールも，ほぼ同じ形で，さらにラグビーボールもある意味で同じと言える．針金は，長さが違っていても，曲がっていても，まあ同じ形と言える．このように，曲げたり伸ばしたり縮めたり大きくしたりして重なり合ったら，同じ形ということにする．

問題 5.1　次の 4 つの物を，その形で 2 種類に分類せよ．

5 円硬貨とコーヒーカップとは，穴が 1 つ空いているという点で同じ．

10 円硬貨とフォークとは，穴が空いていないという点で同じ．

このような意味で同じ形であるものを，同相である，あるいはトポロジーが同じである，といい $\cong$ の記号で表す．5 円硬貨とコーヒーカップとは同相，トポロジーが同じであり，5 円硬貨と 10 円硬貨とは同相でなく，トポロジーが異なる．

次の (1), (2) の図は「3 本に枝分かれする点が 1 つある」という点に注目すると，同じトポロジーをしていることが分かるが，(3) は枝分かれの点が 2 つあるので異なるトポロジーをしている．

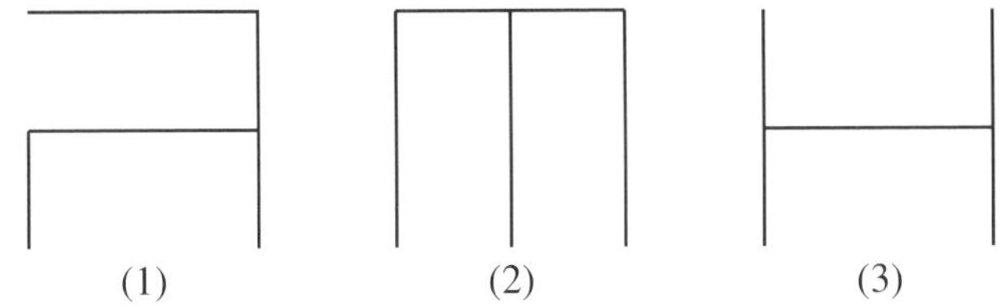

次の (4), (5) の図も「1 つの輪の異なる場所から 2 本の線が出ている」という点に注目すと同じトポロジーをしていることが分かるが，(6) は同じ場所から 2 本の線が出ているので，異なるトポロジーをしている．

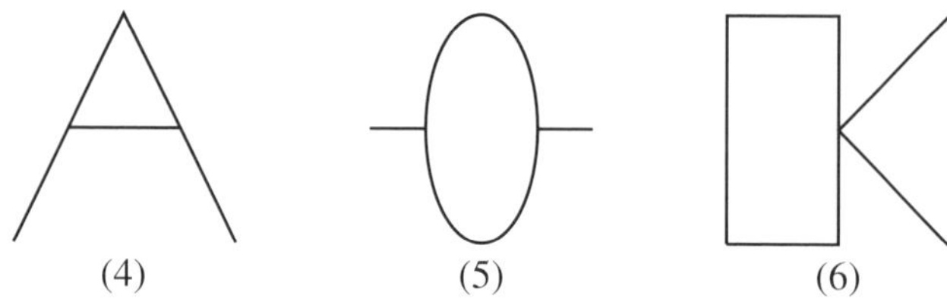

(4)　(5)　(6)

問題 **5.2**　次のアルファベットを，同じトポロジーをもつものに分類せよ．

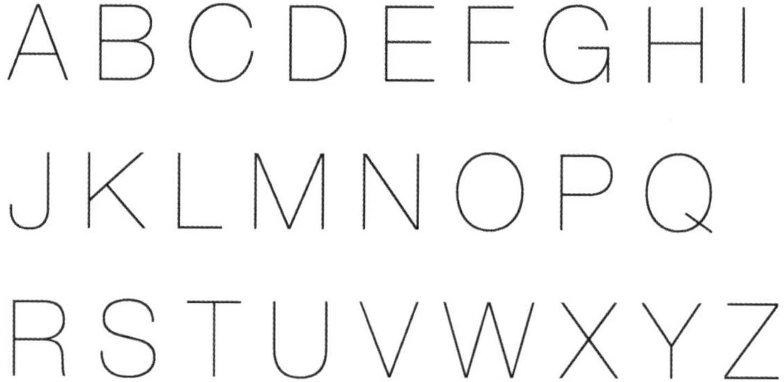

● 位相幾何学，トポロジー

同相という観点で図形の形を調べる数学を，位相幾何学，トポロジーという．18 世紀にオイラーがケーニヒスベルクの橋の問題を解いたことが位相幾何学の始まりとも言われていて，まだ 250 年ほどの歴史しかない新しい数学である．

しかし，それは数学のみならず他の分野にも応用が広がっていて，例えば 2016 年ノーベル物理学賞のタイトルは「トポロジカル相転移と物質，トポロジカル相の理論的発見」である．

以下では，トポロジーでの重要な対象物である，多様体について解説する．

5.2　多様体

● 2 次元多様体

その図形上のどの点においても，その点のごく近くだけを見ると平面と区別が付かないものを，2 次元多様体という.

平面はもちろん 2 次元多様体．これは，境界（果て）がなく無限に広がっている.

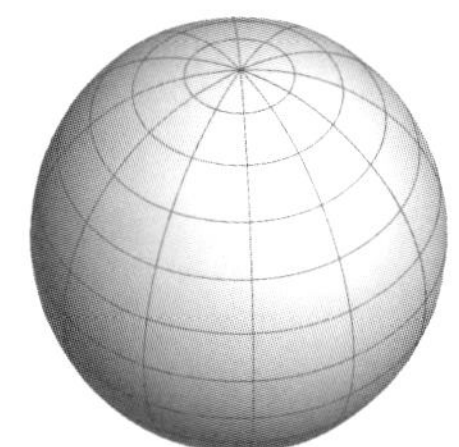

球面も 2 次元多様体．これは，境界（果て）はないが無限に広がってはいない．多様体である証拠に，一点の近くだけを見ると，平面のように見える．昔の人が「地面は平らだ」と思い込んだのは，球面が 2 次元多様体だからだ.

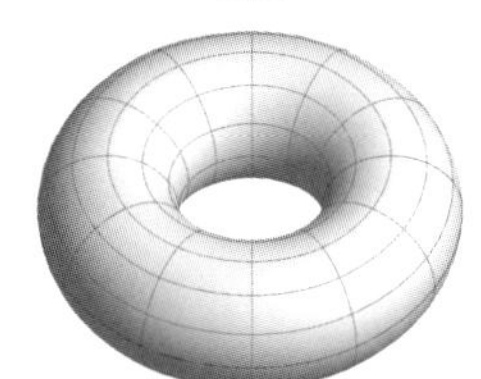

浮き輪も 2 次元多様体である．これをトーラスと呼び，T^2 という記号で表す．2 人用の浮き輪も 2 次元多様体である．3 人用，4 人用...と沢山の浮き輪の種類が考えられるが，すべて 2 次元多様体である．これらは球面と同じく，境界（果て）はないが無限の広がりはない．そのような物を閉曲面といい，浮き輪の穴の個数をその種数という．球面は種数 0 の閉曲面である.

境界（果て）がないことと，無限の広がりがあることとは，同じことではなくて，境界がなくても無限の広がりがない場合があることに注意しよう.

● ロールプレイングゲーム (RPG) の世界

(Graphs / PIXTA)

コンピューター上の RPG の世界を考えよう．どこに行っても自分がいるマスの前後左右にマスがあって，自由に（障害物がなければ）進めるので自分の近くだけを見ると平面と変わらない.

しかし，コンピュータのメモリは有限なので，ゲームの世界が無限に広がっているわけではない．このような，有限だけど果てがない世界を構築するために，RPG のソフトではまず長方形の世界を作って，その右端まで行ってさらに一歩進んだら世界の左側に出るようにプログラムされている．同様に，上に向かってずっと進んでいくと下側から出てくるようにしている．RPG の世界は，境界（果て）はないが無限には広がっていない 2 次元多様体である.

さて，RPG の世界の 2 次元多様体は，今まで出てきた 2 次元多様体のどれだろう？ RPG の世界には境界（果て）はなく，しかも無限に広がってはいない．右に進むと左から戻ってくる．上に進むと下から戻ってくる.

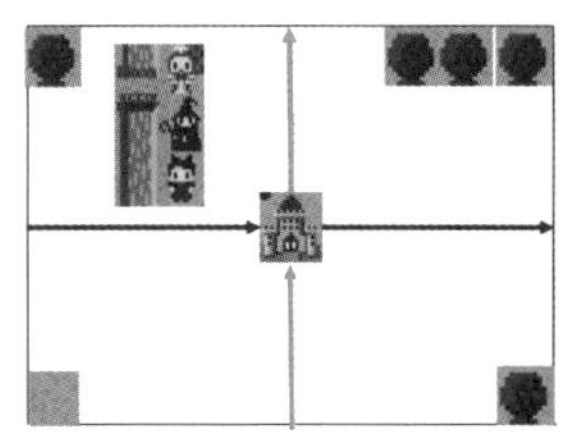

地球も，境界（果て）はなく，しかも無限に広がってはいない．東に進むと西から戻ってきて，北に進むと南から戻ってくる．似ている．RPG の世界は球面か？

実は，RPG の世界は球面ではない．そのことを証明してみよう.

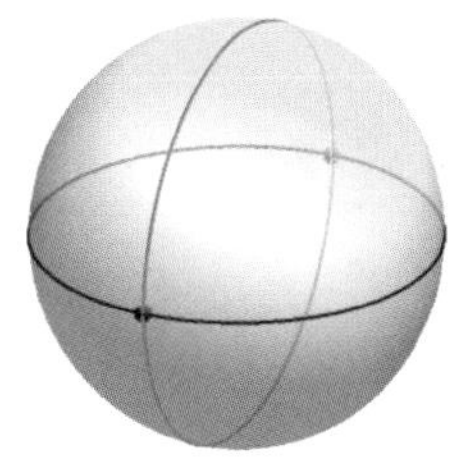

お城から出発して，右へずっと進んで左から帰ってくる道（ループ）を黒で，上へずっと進んで下から帰ってくる道（ループ）を青で描くと，この2つのループはお城の1点だけで交わっている．しかし，球面上ではこのようなことは起こらない．球面上で二つの交わる円を描くと，その交点は必ず2個になるからだ．RPGの世界と球面とでは，トポロジーが違う．

球面でなければ，RPGの世界は何だろう．トーラスだろうか．それを確かめてみよう．

RPGの世界の上下の端は繋がっているので，それを繋げると円筒形になる．さらに，左右の端も繋がっているので，それも繋げてみるとトーラスの形になる．

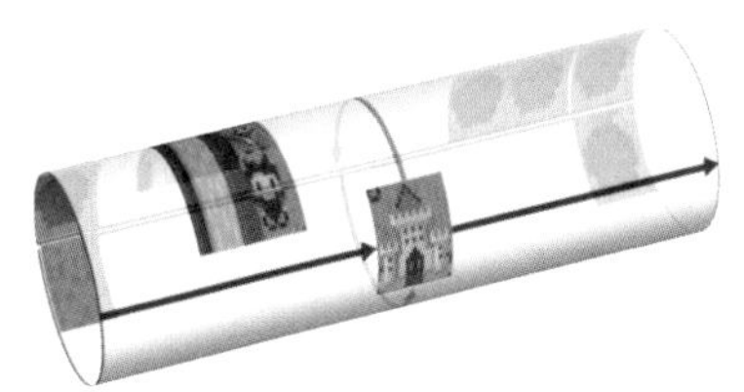

トーラスは，小さな輪を大きな円周に沿って1回転させた形をしている．そこで，トーラス T^2 を $S^1 \times S^1$ と書くことがある．ここで，S^1 とは円周のことである．

● メビウスの帯

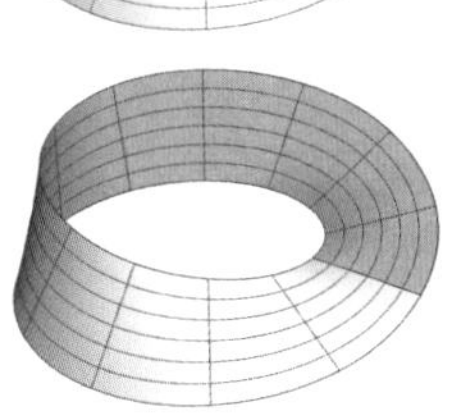

細長い帯を用意して，それを半回転させて両端をくっつけたものは「メビウスの帯」と呼ばれる2次元多様体となる．これは今までの物とはちょっと違った特徴を持っていて「表裏のない曲面」と言われている．表と裏とを異なる色に塗っていくと，表だった所と裏になる所とが繋がってしまって，表裏を塗り分けることができないからだ．

> **問題 5.3**　メビウスの帯を，中央を通る1本の線で切って幅を2等分したら何ができるか．

> **問題 5.4**　メビウスの帯を，幅を3等分したら何ができるか．

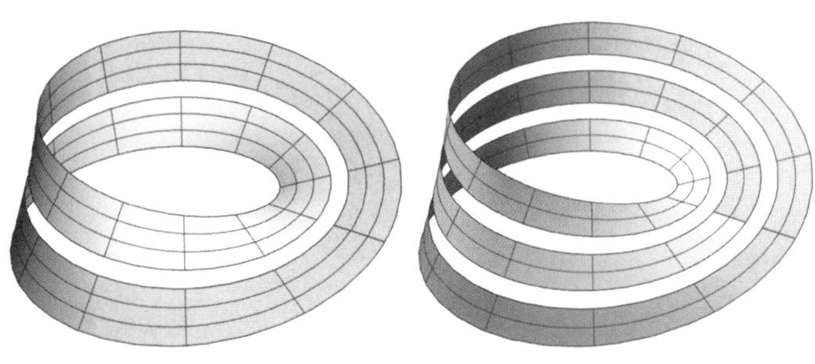

● トーラスを裏返す

穴の空いた球面を裏返すのは簡単だ.

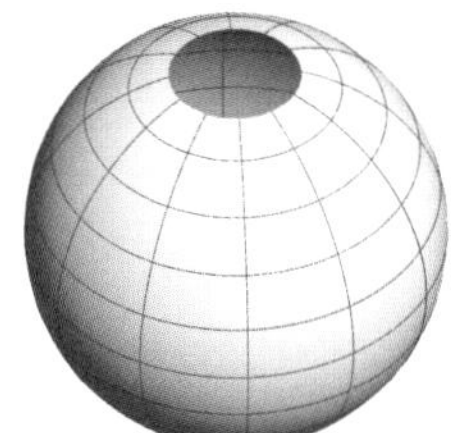
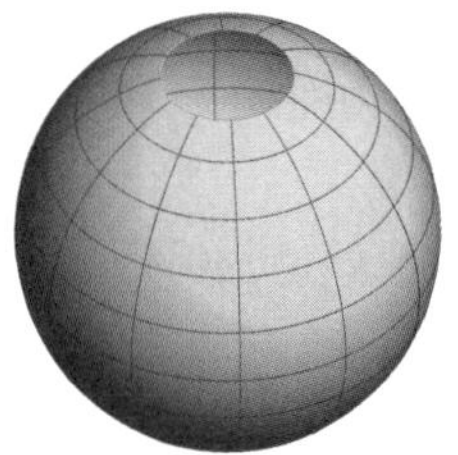

では，穴の空いた浮き輪（トーラス）は裏返せるだろうか．ただし，浮き輪は柔らかいゴム幕でできていて伸び縮みが自由とする.

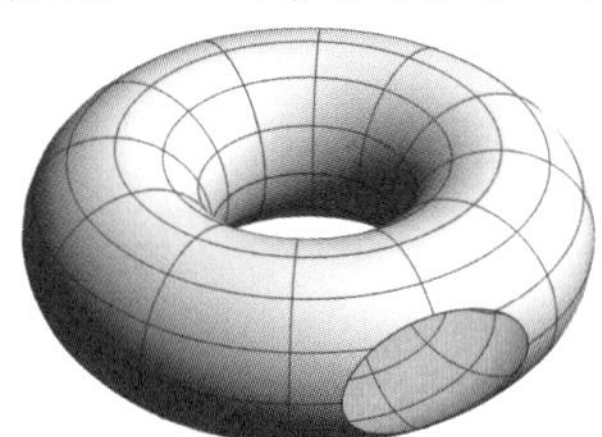
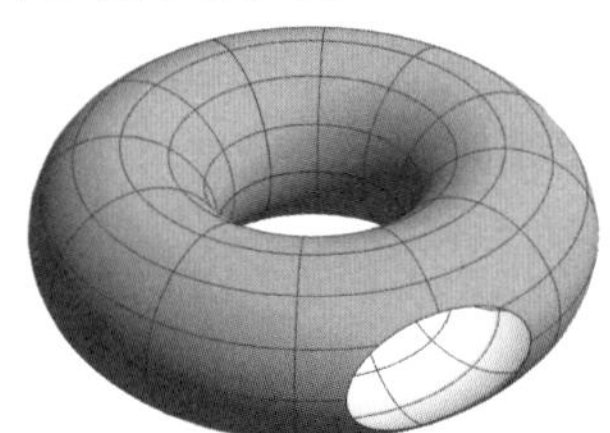

じつは，裏返しは可能である．まず，穴を大きくする．さらに穴を大きくすると，2つの輪が繋がった形になる.

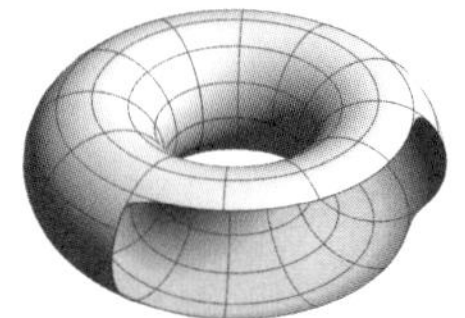
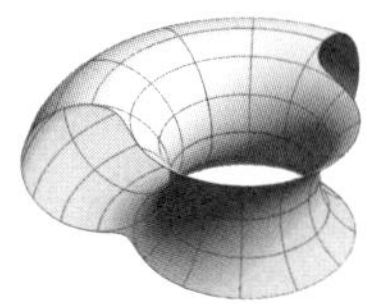
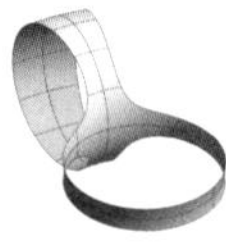

次に穴を小さくしていくのだが，そのとき，縦と横との役割を入れ替えて穴を縮めていくと，裏返った浮き輪になる.

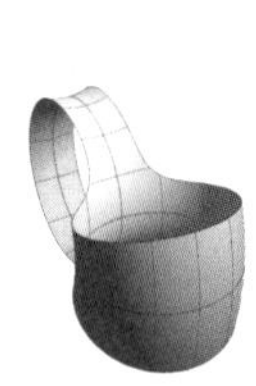
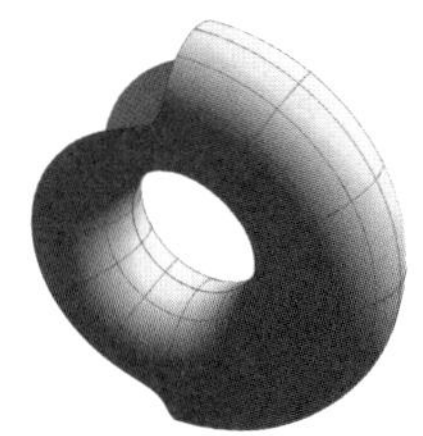
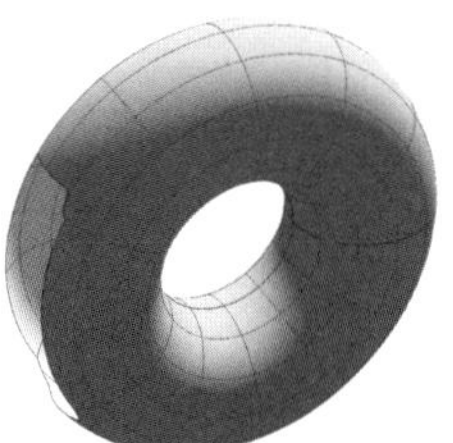

問題 5.5　穴が空いた二人乗りの浮き輪を裏返すことはできるか.

5.3　3次元多様体

● この宇宙

私たちが住んでいるこの宇宙はどんな形をしているだろうか．外から眺めることはできないので，内側から見るしかない．

空間は，縦横高さの3方向がある．すなわち x 軸，y 軸，z 軸の方向だ．この3つの軸は，真っ直ぐにどこまでも伸びている．この空間を $\mathbb{R}^3$ と書いて，3次元ユークリッド空間という．平面 $\mathbb{R}^2$ は2次元ユークリッド空間，直線 $\mathbb{R}$ は1次元ユークリッド空間だ．

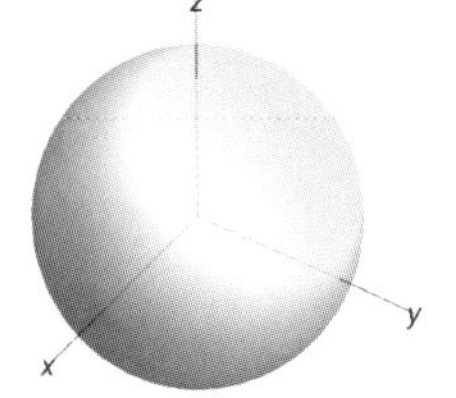

2次元球面

でも，この宇宙は本当に3次元ユークリッド空間だろうか．少なくとも，望遠鏡で見える範囲はそのようであるが，誰も外から見たことがないのだから，x 軸，y 軸，z 軸がどこまでも真っ直ぐに伸びている保証はない．この状況は，昔の人が自分の近くだけを見て「大地は平らだ」と思い込んだ状況と同じである．

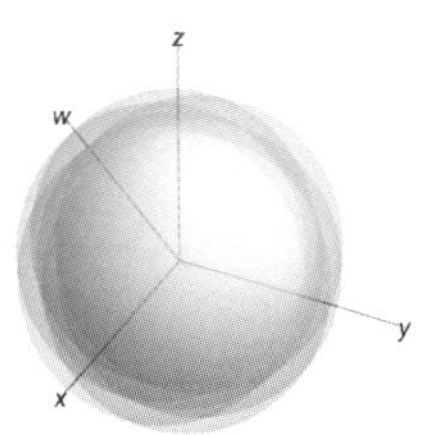

3次元球面

実際に，3次元球面と呼ばれる3次元多様体がある．見るのは難しいが，それを式で書くのは簡単だ．$x^2 + y^2 + z^2 + w^2 = 1$ がその方程式で，これは4次元空間で原点からの距離が1である点の集まりだ．球面の方程式が $x^2 + y^2 + z^2 = 1$ であることから類推して欲しい．

3次元球面は，境界（果て）のない，無限には広がっていない3次元多様体である．

● 3次元ロールプレイングゲーム

3次元のRPGを作ったとする．プレーヤーは，その世界の前後左右上下に自由に動ける．でも，やはりコンピュータのメモリは有限なので，前にずっと進んでいくと後ろから帰ってくるように，左右，上下も同様にプログラムして，有限だけど果てがない世界を作り上げる．

このRPGの世界も3次元多様体だ．これは，3次元トーラスと呼ばれていて，T^3 という記号で表す．

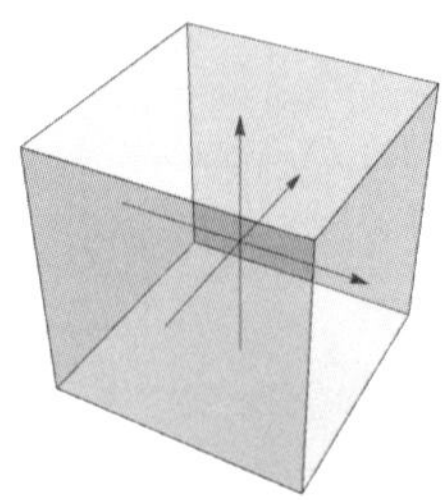

3次元トーラス T^3 は，2次元トーラス $T^2 = S^1 \times S^1$ を円周に沿って1回転させた形をしているので，$T^3 = S^1 \times S^1 \times S^1$ とも書かれる．

● 宇宙の姿を知る

我々が住んでいる宇宙の姿を知ることはできないだろうか．昔の人が平面だと思っていた地球は，外から眺めることで確かに球面だということが分かるし，外から見なくても，世界を一周して帰ることでおそらく球面のようであるということも分かる．しかし，宇宙を外から見ることもできないし，一周して帰ってくることもできない．

しかし，空間の曲がり具合を調べることで，その形がある程度なら分かることがある．空間の曲がり具合には，大きく分けて，平坦，正曲率の曲がり，負曲率の曲がりの 3 通りがある．2 次元の場合，空間の 1 点を中心として半径 r の円盤を考えると，その面積は，空間が平坦な場合は πr^2 であるが，正曲率の曲がりの場合は πr^2 よりも小さく，負曲率の曲がりの場合は πr^2 よりも大きくなる．同様に 3 次元の場合も，自分がいる場所から半径 r の球体を考えると，空間が平坦な場合はその体積は $\frac{4}{3}\pi r^3$ であるが，正曲率の場合はそれよりも小さく，負曲率の場合はそれよりも大きくなる．具体的に体積を知る必要はなくて，r^3 に比例するか，それよりも小さいか大きいかで判断できる．もしも正曲率の曲がりであると判断できたら，その空間は 3 次元球面のような形をしているのではと想定できる．

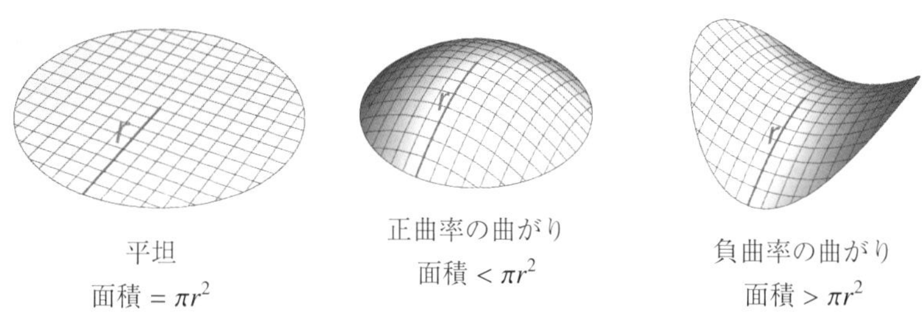

平坦 面積 $= \pi r^2$　正曲率の曲がり 面積 $< \pi r^2$　負曲率の曲がり 面積 $> \pi r^2$

地球の曲がり具合を調べるには，半径数千キロの円盤の面積を調べればよいが，宇宙の場合にはもっと大きなものが必要である．そこで望遠鏡で見える限り百億光年ほどの半径の球体を考えて，そこにある銀河の個数を調べてそれが半径の 3 乗に比例するか，それよりも小さいか大きいかで判断する．

近年，実際に観測した結果によると空間はほぼ平坦であることが分かった．観測可能な範囲が宇宙の大きさに比べて小さすぎるとしたら，曲がり具合が観測にかからない可能性があるので，これだけの観測から全体の形を判断することはできない．しかし，宇宙が観測可能な範囲の数倍の大きさでまるまっていることはなさそうである．

6 確率と期待値と

6.1 クッキーとモンスターと

● クッキー好きのモンスター

クッキーが 10 枚並んでいる.

クッキー好きのモンスターがやって来て, クッキーを食べる. モンスターは, どちらか一方の端から, 何枚か食べるが, 必ず 1 枚は残して全部は食べない. 左右どちらの端から食べ始めるかはどちらも同じ確率 $\frac{1}{2}$ で, 何枚食べるかも, どれも同じ確率とする. 食べる枚数は 1〜9 のどれかなので, どれも $\frac{1}{9}$ の確率だ.

何枚か食べ残して去って行ったモンスターは, またやって来て, 残ったクッキーを同じようにして食べる. 今回も全部は食べずに 1 枚は残して, 2 枚以上残した場合はまたしばらくするとやって来て同じようにして食べる.

そうすると, 結局 1 枚だけが残る. さて, 最初に 10 枚並んだうちの, どのクッキーが一番残りやすいだろうか.

● 人食い怪獣　クッキーでは緊迫感が出ないので, クッキーを人間に, クッキー好きのモンスターを人食い怪獣に変えて, 10 人の中の 1 人だけが食べられずに助かるという問題を考えてみよう. さて, 貴方が 10 人の中の 1 人だとすると, どこに並びたいか.

直感的に並ぶ場所を選ぶと, やっぱり両端は怖いので, 列の中央辺りに並びたくなる.

その直感が正しいか, 最初の 1 回目に食べられない確率を計算してみよう.

真ん中あたりの左から 5 番目に並んだとすると, 助かるのは, 怪獣が左から食べ始めて 1〜4 枚を食べるか, 右から食べ始めて 1〜5 枚を食べるかであるので，その確率は，$\frac{1}{2}\times\frac{4}{9}+\frac{1}{2}\times\frac{5}{9}=\frac{1}{2}$ である．一番左端に並んだとしても，助かるのは怪獣が右から食べ始めて 1〜9 枚を食べるときなので，その確率は $\frac{1}{2}\times\frac{9}{9}=\frac{1}{2}$ である．結局，どこに並んでいても，最初の 1 回目に助かる確率は $\frac{1}{2}$ となる．

1 回目に助かったとして，2 回目に助かる確率を同じように計算すると，どこにいても，やっぱり $\frac{1}{2}$ である．

ということは，最終的に助かる確率はどこに並んでいても同じ，と言えそう．でも，本当だろうか．

では，具体的に 3 人で並んだときに，各人が最終的に助かる確率を計算してみよう．真ん中の人が最終的に助かるには，怪獣が 2 回食べに来て 2 回とも助かる必要がある．その確率は $\frac{1}{2}\times\frac{1}{2}=\frac{1}{4}$ だ．残りの確率は $1-\frac{1}{4}=\frac{3}{4}$ だが，左端も右端も対称だから助かる確率は同じはずなので，その半分の $\frac{3}{8}$ となる．3 人の場合，並ぶ場所によって最終的に助かる確率は異なり，真ん中よりも両端の方が高い．

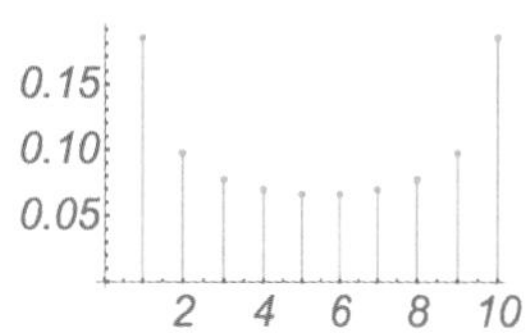

クッキー 10 枚の場合も，グラフのように真ん中よりも両端の方が最後に残る確率が高くなる．端から 5 枚目のクッキーが残る確率は 0.061 であるのに対して，端のクッキーが残る確率は 0.176 であり，3 倍近くも高い確率となる．これは，意外な結果である．

クッキーの枚数 n が増えると，真ん中のクッキーと端のクッキーとの残る確率の比率は大きくなり，$n\to\infty$ のときには 比率 $\to\infty$ となる．人間の列に並ぶ時は，勇気を出して一番端に並ぶべきである．

6.2 A 地点から C 地点まで行く途中に B 地点を通る確率

次の問題を考えよう．

問題 6.1 格子状の道を A 地点から C 地点まで最短距離で行くとき，B 地点を通過する確率を求めよ．

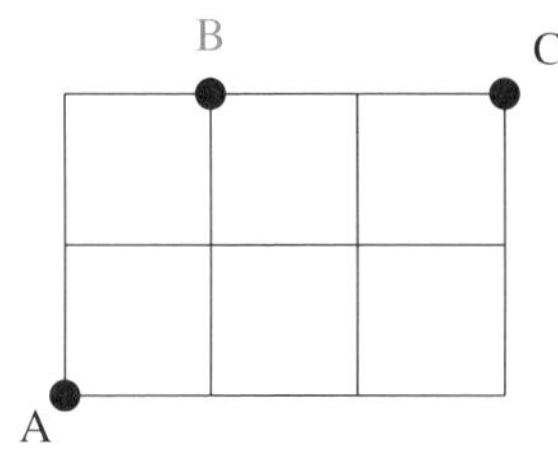

高校数学の練習問題にありそうな問題だ．おそらく，出題した先生は次

の解答を期待している．

解答：A から C まで行くには，右に 3，上に 2，全部で 5 だけ移動する．右を 3 つ，上を 2 つ並べる並べ方なので，行き方は $\dfrac{5!}{3!2!} = 10$ 通りある．そのうち，B を通るのは 3 通り．したがって，B を通る確率は $\dfrac{3}{10}$． ▮

しかし，この問題は道の選択の方法が規定されていないので解答不能な問題だ．作った先生は「それは数学の問題として常識的に答えたら良い」と言うかも知れないが，そんな常識はない．10 通りある道から同等な確からしさで選択することを想定しているようだが，道を行くときに，すべての道筋を考えてその中から同等の確率で 1 つを選ぶ，などということは普通はしない．常識的にというのなら，道が分かれた時にはどちらも同じ確からしさで選ぶ，というのが普通である．そのような選び方をした場合，各辺を通る確率は次図のようになり，B を通る確率は $\dfrac{1}{2}$ となる．

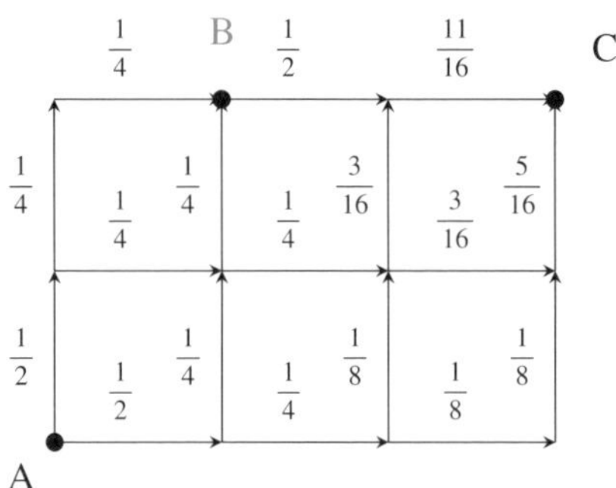

6.3　宝くじの期待値

10 本のくじがある．1 等は 1 本だけで 1000 円もらえる．2 等は 3 本で 300 円もらえる．それ以外はハズレだ．このくじを 1 本引いた場合に平均して何円もらえるか，それをこのくじ 1 本の期待値という．

1 等が当たる確率は $\dfrac{1}{10}$ で当たれば 1000 円．2 等が当たる確率は $\dfrac{3}{10}$ で当たれば 300 円．もらえる金額の平均は

$$\frac{1}{10} \times 1000 + \frac{3}{10} \times 300 = 100 + 90 = 190$$

なので，期待値は 190 円となる．これは，クジ 10 本全部を引いたときにもらえる金額を 10 で割ったものと同じだ．

$$\frac{1}{10}(1000 + 300 + 300 + 300 + 0 + 0 + 0 + 0 + 0 + 0) = 190$$

もしも，このくじが 1 本 200 円で売られていたら，1 本買うと，平均して

10 円損をすることになる.

● 年末ジャンボ宝くじ　2018 年の年末ジャンボ宝くじは 1 枚 300 円, 販売予定枚数は 4 億 8000 万枚. その当選等級, 当選金, 本数, 当選確率を一覧にすると, 次のようになる.

当選等級	当選金	本数	当選確率
1 等	7 億円	24	$\frac{1}{20000000}$
1 等前後賞	1 億 5000 万円	48	$\frac{1}{10000000}$
1 等組違い賞	10 万円	4776	$\frac{199}{20000000}$
2 等	1000 万円	72	$\frac{3}{20000000}$
3 等	100 万円	2400	$\frac{1}{200000}$
4 等	10 万円	96000	$\frac{1}{5000}$
5 等	1 万円	480000	$\frac{1}{1000}$
6 等	3000 円	4800000	$\frac{1}{100}$
7 等	300 円	48000000	$\frac{1}{10}$

これから期待値を計算すると,

$$\frac{700000000}{20000000}+\frac{150000000}{10000000}+\frac{199\times 100000}{20000000}+\frac{3\times 10000000}{20000000}$$
$$+\frac{1000000}{200000}+\frac{100000}{5000}+\frac{10000}{1000}+\frac{3000}{100}+\frac{300}{10}$$
$$=35+15+0.995+1.5+5+20+10+30+30=147.495$$

となる. 300 円で買っても, 平均すると 147.5 円ほどしか帰って来ない. 期待値が売値の半分もないのに何故みんなが宝くじを買うのかというと, 帰って来ない 152.5 円で夢を買っているのだ. 1 等が 5000 円が確率 $\frac{1}{2}$ で当たる宝くじは, 期待値が 250 円だが, それを 300 円で買う人はいない.

また, 帰って来なかったお金のうちの 120 円ほどは, 教育施設, 道路, 橋, 公共住宅, 社会福祉施設などの公共事業に使われている.

問題 6.2　100 本のくじのうち 1 等 1 万円が 1 本, 2 等 1000 円が 5 本, 3 等 100 円が 10 本であるとき, このくじの期待値はいくらか.

6.4 期待値無限大のゲーム

表 表 表 裏

確率 $\frac{1}{2}\times\frac{1}{2}\times\frac{1}{2}\times\frac{1}{2}=\frac{1}{16}$

賞金 $2\times2\times2\times2=16$ 円

ゲームをしよう．コインを表が出続ける限り投げて，n 回目に始めて裏が出たら，2^n 円がもらえる．たとえば，表が 3 回続いて 4 回目に裏だったら，$2^4=16$ 円がもらえる．さて，このゲームに参加するとしたら，参加料としていくらが妥当か．

このゲームの期待値を求めてみる．1 回目に裏が出る確率は $\frac{1}{2}$ で，そのときは $2^1=2$ 円もらえる．表が 1 回出て，2 回目に裏が出る確率は $\frac{1}{4}$ で，そのときは $2^2=4$ 円もらえる．n 回目に始めて裏が出る確率は $\left(\frac{1}{2}\right)^n$ で，そのときは 2^n 円もらえる．したがって，期待値は

$$\frac{1}{2}\times2+\frac{1}{4}\times4+\cdots+\left(\frac{1}{2}\right)^n\times2^n+\cdots \;=\; 1+1+\cdots+1+\cdots \;=\; \infty$$

となり，平均して無限大円もらえるという結果になる．言い換えると，参加料としていくら払っても元がとれる，ということになる．

では，1 万円払って，このゲームをしたい人はいるだろうか．

実際には，そんな人は出てこない．試しにコインを投げてみると，5 回も表が続けば良い方で，たいていは 3, 4 回目までには裏がでてしまう．奇跡的に 10 回続いたとしても，もらえる金額は $2^{11}=2048$ 円だけだ．期待値無限大というのは嘘なのだろうか．

数学的には期待値無限大であるが，実際問題として，そうではない．では，実際問題としての期待値はどのくらいなのか．

それは，このゲームの結果の金額を支払う人の支払い能力による．2021 年の全世界の名目国内総生産 GDP は 93 兆 9539 億 US ドルで，13623 兆円ほどだ．もしあなたが表を 52 回続けて出すと，もらえる金額は約 9007 兆 1992 億円となるが，全世界があなたに支払ったとしても，そこまでが限界だ．だから，53 回以上表を出しても無意味，ということである．したがって，全世界があなたに支払う場合でも，期待値は高々 $\frac{1}{2}\times2+\frac{1}{4}\times4+\cdots+\left(\frac{1}{2}\right)^{54}\times2^{54} \;=\; 1+1+\cdots+1 \;=\; 54$ 円である．

6.5　病気の確率

会社で受けた健康診断で，日本ではその病気になっている人は人口 10 万人あたり 100 人ほどという珍しい病気の検査結果が陽性となってしまった．その検査は非常に正確で，実際に病気の人は，99%の確率で正しく「陽性」となり，病気ではない人は，99%の確率で正しく「陰性」となる．

さて，私がその病気にかかっている確率はどのくらいだろうか．

「それはお気の毒に，99%の確率で病気だろう」と思うかもしれないが，そうではなく確率はもっと低い．それは，人口 10 万人あたり 100 人という病気の人の少なさに理由がある．

私が，その 10 万人の中の 1 人としよう．10 万人のうち 100 人が病気にかかっていて，99900 人は病気ではない．したがって，検査を受ける前は，私が病気である確率は $\dfrac{100}{10\text{万}} = 0.001 = 0.1\%$ である．そして，10 万人全員がその検査を受けたとすると，病気の人 100 人のうちの 99%，99 人が陽性となる．そして，病気でない人 99900 人のうちの 1%，999 人が陽性（これを間違った陽性ということで，偽陽性と言う）となる．陽性結果を受け取る人は全部で 99 + 999 = 1098 人いるが，その中で本当に病気なのは 99 人だけである．したがって，陽性結果を受け取った私が実際に病気である確率は $\dfrac{99}{1098} = 0.09 = 9\%$ である．

	総数	陽性の人数	陰性の人数
病気の人	100	99	1
病気でない人	99900	999	98901
合計	100000	1098	98902

病気ではない確率が 91%もあるのだ．悲観して生きる希望がなくなるほどの状況ではないのが分かる．しかし，検査を受ける前は 0.1%であった病気の確率が 9%になったのだから，結果は深刻に受け止めて，精密検査を受けるべきである．

6.6　もう一人は男の子か女の子か

プロローグで紹介した次の問題を考えてみよう．

> 私は，山本さんに子供が二人いることは知っているが，男の子か女の子かは知らない．そこで，山本さんの知り合いの田中さんに聞いてみると「少なくとも一人は女の子だ」ということだった．さて，山本さんのお子さんが二人とも女の子である確率はいくらか．ただし，男の子，女の子の出生率はどちらも $\frac{1}{2}$ とする．

常識的な解答は，次のものだろう．

[解答]　山本さんの二人のお子さんのうち，田中さんが知ってる子供は女の子で，もう一人の子供が女の子である確率は $\frac{1}{2}$ なので，二人とも女の子の確率は $\frac{1}{2}$．▮

しかし，子供の性別をコインの裏表に替えた「コインを 2 つ投げて少なくとも 1 つが表であった時に，2 つとも表である確率」という条件付き確率の問題の，模範解答は次の通りである．

	表	裏
表	○	○
裏	○	×

[解答]　2 つのコインの表裏の可能性は，表表，表裏，裏表，裏裏の 4 通りがあるが，これはどれも同じ確率で起こる．この中で少なくとも 1 つが表なのは，表表，表裏，裏表の 3 通りなので，2 つとも表である確率は $\frac{1}{3}$ である．▮

さあ，困った．常識的には $\frac{1}{2}$ だということは分かっている．しかし，コインの裏表も子供の性別も同じことなので，条件付き確率を高校で習って知っている人は，この問題の正解は $\frac{1}{3}$ だと知っている．そこで，この矛盾する 2 つの答えに対応するために，「二人の子供を区別すれば $\frac{1}{2}$，区別しなければ $\frac{1}{3}$ である」と言って納得しようとする人がいる．しかし，子供を区別するかしないかだけで確率が違ってくるのも，おかしな話である．

● 正解は何？

この問題に対する答えは，「田中さんがどのようにしてその情報を得たのか，それに依存する」が正解である．だから，もう一度，田中さんに会ってそれを聞かなければならない．その状況をいくつか考えてそのときの確率を求めてみよう．

もしも，「先週歩いていると，山本さんが女の子を連れて歩いていたので，お子さんですか可愛いですね，と挨拶した」というのなら，二人とも女の子である確率，すなわち，その時には会えなかったもう一人が女の子である確率は $\frac{1}{2}$ である．

また，「山本さんの家に電話したら（山本さんちの）女の子が出た」としよう．この場合は，(上の子, 下の子) の男女のパターンと電話に出た子供との組み合わせには次の 4 通りがある．

- (女, 女) で，そのうちの上の子が出る
- (女, 女) で，そのうちの下の子が出る
- (女, 男) で，そのうちの上の子が出る
- (男, 女) で，そのうちの下の子が出る

これらはどれも同じ確からしさで起こるので，二人とも女の子であるのは $\frac{1}{2}$ の確率である．ただし，ここには「男の子も女の子も電話に出たがる割合は同じ」という仮定がある．それが違っていたら，答も違ってくる．

では，田中さんが不要な女児服を山本さんにあげようと思って，「女のお子さんいますか？」と聞いたら，「いるよ」という返事だったとしよう．この場合は，単純に (女, 女)，(女, 男)，(男, 女) の可能性が残っているだけなので，二人とも女の子である確率は $\frac{1}{3}$ である．

最後に，山本さんが女児服を買い物してるのを見かけたので，「女のお子さんがいるのですね」と聞いたら，「いるよ」と答えた，という状況ならどうだろう．この問題に答えるには，女の子が一人の場合と二人の場合とで，山本さんが女児服を買い物してる時間がどのように違うかを知る必要がある．女児服を買い物している山本さんを田中さんが見かける可能性はその時間に比例するからだ．

	女	男
女	1.5 時間	1 時間
男	1 時間	0 時間

例えば，女の子一人のための買い物なら 1 時間かけるが，二人のためなら 1.5 時間かけるとしよう．効率よく見るので，倍の時間はかからないということだ．そうすると，(女, 女) のときは 1.5 時間，(女, 男) のときは 1 時間，(男, 女) のときは 1 時間である．全体で 3.5 時間のうちの 1.5 時間，すなわち，$\frac{1.5}{3.5} = \frac{3}{7}$ が二人とも女の子である確率となる．

問題 **6.3**

上記，最後の状況で，女の子一人なら 1 時間，女の子二人の場合も 1 時間かけるとしたら，二人とも女の子である確率はいくらか．
また，女の子一人なら 1 時間，女の子二人の場合は 2 時間かけるとしたら，二人とも女の子である確率はいくらか．

6.7　モンティ・ホール問題

この章の最後に，有名なモンティ・ホール問題を紹介しよう．

> モンティ・ホールが司会をしていたアメリカのテレビ番組では，挑戦権を得た出演者が3つのドアの1つを選ぶことができ，そのドアの向こうにある賞品がもらえる．ただし，3つのうち豪華賞品があるのは1つだけで，あとの2つは山羊である（山羊をもらっても仕方ないだろうというジョーク）．
>
> 出演者が1つのドアを選ぶと，豪華賞品のありかを知っている司会者が，出演者が選ばなかった2つのドアのうち山羊の方を開けて見せる．そうすると，豪華賞品があるのは，選んだドアか残り1つのドアかのどちらかであるが，ここで，出演者は選択を変更する機会が与えられる．
>
> さて，出演者は選択を変更すべきか．また，選んだドア，残り1つのドアそれぞれについて，豪華賞品がある確率はいくらか．

直感的には，選んだドアも残り1つのドアも同じ $\frac{1}{2}$ の確率のような気がする．しかし，実際はそれに反して，選んだドアは $\frac{1}{3}$ で残り1つのドアは $\frac{2}{3}$ であり，選択を変更した方が豪華賞品がもらえる確率が2倍になる．

その理由は，つぎのように考えると理解できる．

司会者がドアを開ける前，$\frac{2}{3}$ の確率で，選んだドア以外の2つのドアのどちらかに豪華賞品がある．選んだドア以外の2つのドアのどちらかに豪華賞品があろうとなかろうと司会者は山羊があるドアを開けることになっているので，司会者がドアを開けた後も $\frac{2}{3}$ の確率で2つのドアのどちらかに豪華賞品がある．したがって，司会者が山羊のドアを開けた後は，$\frac{2}{3}$ の確率で，司会者が開けなかった残り1つのドアに豪華賞品がある．最初に選んだドアについては，それが豪華賞品であろうと山羊であろうと司会者は他の山羊のドアを開けることになっているのでその行為に影響されることなく，司会者がドアを開ける前も後も，豪華賞品がある確率は $\frac{1}{3}$ である．

よく似た状況だが，少しだけ違う問題も考えてみよう．

<前半の設定は前問と同じ>

出演者が1つのドアを選ぶと，豪華賞品のありかを知らない司会者が，出演者が選ばなかった2つのドアのうちどちらかを無作為に開けて見せる．そこに豪華賞品があればもうおしまい．しかし，それが山羊であったら，豪華賞品があるのは，選んだドアか，残り1つのドアのどちらかであり，ここで，出演者は選択を変更する機会が与えられる．

さて，選択変更の機会が与えられた場合，出演者は選択を変更すべきか．また，選んだドア，残り1つのドアそれぞれについて，豪華賞品がある確率はいくらか．

前問とは違って今回は，司会者が山羊のドアを開けることと，出演者が最初に選択したドアに豪華賞品があることとは，無関係ではない．もしも最初に選択したドアに豪華賞品がある時（それは確率 $\frac{1}{3}$ で起こる）は，司会者が開けるドアに山羊がいる確率は1だが，最初に選択したドアに豪華賞品がない時（それは確率 $\frac{2}{3}$ で起こる）は，司会者が開けるドアに山羊がいる確率は $\frac{1}{2}$ である．よって，最初に選択したドアに豪華賞品があり司会者が開けるドアに山羊がいる確率は $\frac{1}{3} \times 1 = \frac{1}{3}$，最初に選択したドアに山羊があり司会者が開けるドアに山羊がいる確率は $\frac{2}{3} \times \frac{1}{2} = \frac{1}{3}$ である．したがって，司会者が開けるドアに山羊がいることは $\frac{1}{3} + \frac{1}{3} = \frac{2}{3}$ の確率で起こるが，その内訳は，最初に選択したドアに豪華賞品があるのもないのも同じ割合であるので，司会者が開けたドアに山羊がいた場合，最初に選択したドアに豪華賞品がある確率は $\frac{1}{2}$ である．だから選択を変えても変えなくても同じだ．

しかし，このような計算をしなくても，次のように考えれば理解できる．

豪華賞品を出演者，司会者，アシスタントが取り合っていて，出演者，司会者，アシスタントの順でドアを選ぶとしよう．そうすると，これは，公平なくじ引きであり，誰も $\frac{1}{3}$ の確率で豪華賞品がもらえる．ところが司会者はドアを選んだ直後に心がはやってそのドアを開けてしまい，そして，たまたまそこには山羊がいた．すると，豪華賞品は出演者かアシスタントかが選んだドアのどちらかにあるが，公平なくじ引きなのだから，どちらも確率は $\frac{1}{2}$ である．

7 情報量

7.1 天気予報の情報量

「今日の天気は曇りでしょう」という天気予報と，「今日の天気は暴風雨でしょう」という天気予報と，どちらが聞いてためになるか，すなわち情報量が多いかというと，明らかに後者のほうである．では，後者は前者の何倍くらいの情報量があるのだろうか．

7.2 質問は上手に

相手に 1, 2, 3, 4, 5, 6, 7, 8 の中から一つの数を選んでもらって，それを数回質問することで当てる．ただし，質問は yes か no かで答えることのできるものに限る．

「貴方が選んだ数は 1 ですか？」，「貴方が選んだ数は 2 ですか？」，「貴方が選んだ数は 3 ですか？」，... と聞いていったのでは，運が良ければ 1 回の質問で当てることができるが，最悪 7 回の質問をすることとなり，平均して 4.375 回の質問が必要となる．

次のようにすれば，もっと上手に質問ができる．1 回目に「貴方が選んだ数は 4 以下ですか？」と聞く．もしもそれが yes ならば，2 回目は「貴方が選んだ数は 2 以下ですか？」と聞く．もしもそれが no ならば残された可能性は 3, 4 なので，「貴方が選んだ数は 3 ですか？」と聞けば選んだ数が分かる．これは，残された可能性を半分にして，そのどちらであるかを聞く方法である．この方法を用いると，2^n 個の物の中から選ばれた一つを，n 回の質問で当てることができる．$2^{10} = 1024$ 個の中の一つを，たった 10 回の質問で当てることができると思うと，これは知っていたらためになる方法である．

1	2	3	4	5	6	7	8
1	2	3	4				
		3	4				
		3					

逆に，2^n 個の物の中から選ばれた一つを，n 回よりも少ない回数の質問で必ず当てることはできない．k 回 ($k < n$) の質問の yes, no の答のパターンは，2^k 通りしかないので，$2^k < 2^n$ であるから，2^n 通りの可能性のあるもののどれであるかは，その答のパターンからは分からないからだ．

残された可能性が奇数で半分にできないときは，できる限り半分に分ける．例えば 11 個ならば，5 個と 6 個とに分ける．このようにすると，N 個の物の中から選ばれた一つを，$\lceil \log_2 N \rceil$ ($\lceil\cdot\rceil$ は少数以下の切り上げ) 回以下の質問で当てることができる．

7.3 質問の回数が情報量

可能性をちょうど半分に分けて，そのどちらであるかの質問をして得られる情報の量を，情報量 1 という．同じような質問を 2 回すれば，情報量 2 となる．言い換えると，確率 $\frac{1}{2}$ で起こることを知ったときの情報量が 1 であり，質問を 2 回すると，可能性は半分の半分になるので，確率 $\frac{1}{4}$ で起こることを知った時の情報量が 2 である．また，可能性が 1 通りしかなければ，質問しても意味が無く情報量は 0 である．

定義 7.1

2 個の中の 1 つ（確率 $\frac{1}{2}$ で起こること）を知った時の情報量は 1

2^n 個の中の 1 つ（確率 $\frac{1}{2^n}$ で起こること）を知った時の情報量は n

表にすると次のようになるが，空欄のところの情報量の値は何だろうか．

個数	1	2	3	4	…	2^n	N
確率	1	$\frac{1}{2}$	$\frac{1}{3}$	$\frac{1}{4}$	…	$\frac{1}{2^n}$	$\frac{1}{N}$
情報量	0	1		2	…	n	

例えば，3 個の中の 1 つ，確率 $\frac{1}{3}$ で起こることを知ったときの情報量はいくらだろうか．1 と 2 との間であることは確かだ．2^n 個の中の 1 つ，確

率 $\frac{1}{2^n}$ で起こることを知った時の情報量が n であるのなら，$n = \log_2 2^n$ であるから，N 個の中の 1 つ，確率 $\frac{1}{N}$ で起こることを知ったときの情報量は $\log_2 N$ とするのが妥当であろう．すなわち，確率 p で起こることを知った時の情報量は $\log_2 \frac{1}{p}$ である．したがって，3 個の中の 1 つ，確率 $\frac{1}{3}$ で起こることを知ったときの情報量は $\log_2 3 = 1.58496$ である．

定義 7.2

確率 p で起こることを知った時の情報量は $\log_2 \frac{1}{p}$

N 個の中から選ばれた 1 つがどれであるか分かったときの情報量は，$\log_2 N$

たとえば，倍率 10 倍の難関大学の合格通知を受け取ったときの情報量は $\log_2 10 = 3.32$ であるが，不合格通知を受け取ったときの情報量は $\log_2 \frac{10}{9} = 0.15$ しかない．不合格で当然か，という気持ちがこの数値に表れている．

● 天気予報の情報量

1 年のうち，曇りの日は全体の約 34% で，暴風雨になるのは約 1% である．「今日の天気は曇り」という情報の情報量は $\log_2 \frac{1}{0.34} = \log_2 2.94 = 1.56$ で，「今日の天気は暴風雨」という情報の情報量は，$\log_2 \frac{1}{0.01} = \log_2 100 = 6.64$ である．暴風雨という情報量は曇りという情報量の 4 倍ほどあることが分かる．

7.4　平均情報量

いつでも，可能性を半分にするような質問ができるとは限らないし，答えは yes, no の 2 つとも限らない．そのようなときに得られる情報量を考えてみよう．

例えば，ある日本人に「血液型は何ですか？」と聞いたとしよう．日本人の血液型の割合は，A 型 39%，B 型 22%，O 型 29%，AB 型 10% である．もしも答が A 型だったら，その情報量は $\log_2 \frac{1}{0.39} = 1.36$ である．同様に，B 型，O 型，AB 型の場合の情報量は次の表のようになる．

AB
A
O
B

質問の答	確率	得られる情報量	確率 × 情報量
A	0.39	1.36	0.53
B	0.22	2.18	0.48
O	0.29	1.79	0.52
AB	0.10	3.32	0.33
合計	1.00		1.86

得られる情報量の期待値は 確率 × 情報量 を加えあわせたものだから，1.86 となる．これを，この質問をしたときの平均情報量という．

> 質問の答が k 通りあり，それぞれの起こる確率が $p_1, p_2, \ldots, p_k$ であるとき，この質問をしたときに得られる平均情報量は
>
> $$p_1 \log_2 \frac{1}{p_1} + p_2 \log_2 \frac{1}{p_2} + \cdots + p_k \log_2 \frac{1}{p_k} = \sum_{i=1}^{k} p_i \log_2 \frac{1}{p_i}$$
>
> である．$p_1 = p_2 = \cdots = p_k = \dfrac{1}{k}$ のとき平均情報量は最大値 $\log_2 k$ となる．

答が 4 通りの時，答がすべて $\dfrac{1}{4}$ の確率で起こるならば平均情報量は

$$\left(\frac{1}{4} \log_2 4\right) \times 4 = 2$$

である．しかし，4 つの答が $\dfrac{1}{2}, \dfrac{1}{4}, \dfrac{1}{8}, \dfrac{1}{8}$ の確率で起こるとすると，平均情報量は

$$\frac{1}{2} \log_2 2 + \frac{1}{4} \log_2 4 + \left(\frac{1}{8} \log_2 8\right) \times 2 = \frac{1}{2} + \frac{2}{4} + \frac{3}{8} + \frac{3}{8} = \frac{7}{4}$$

となり，さきほどよりも少なくなる．質問を選べられるとしたら，答の確率に偏りがないものを選ぶと平均して得られる情報量が多くなる．

> **問題 7.1**　袋の中に赤玉が 2 個，白玉が 2 個，青玉が 2 個，緑玉が 1 個，黄玉が 1 個入っている．その中から無作為に取りだした 1 つの玉の色を知ったときの平均情報量を求めよ．

7.5　天秤クイズ問題

次のクイズ問題を考えよう．

金貨が 27 枚あるが，そのうちの 1 枚は偽物で本物よりもわずかに軽い．正確に測れる天秤を 3 回だけ使って，偽物の金貨を見つけたい．どのようにすればよいか．

天秤を使った時の結果は，左が上がる，右が上がる，釣り合う，の 3 通りである．天秤を使った時に得られる情報量を最大にするためには，3 通りの結果がどれも $\frac{1}{3}$ の確率で起こるようにすればよい．左が上がる確率，右が上がる確率，釣り合う確率はどれも $\frac{1}{3}$ となる．

[解答]　偽物がある可能性が残っている金貨を 3 等分して 3 グループに分け，そのうちの 2 グループを天秤に乗せる．釣り合った場合には，偽物は天秤に乗せなかったグループにあり，そうでなければ，偽物は上がった方にある．それを繰り返すと，金貨が 3^n 個の場合には n 回の天秤の使用で見つけられる．■

7.6　文字当てゲーム

英文書の中から無作為に選んだアルファベット 1 文字を，それが A から Z までのどれであるかを yes, no の答で返すことのできる質問をすることで当てる，というゲームを行う．このゲームを何度もするときに，質問の回数の平均値を減らすにはどうすれば良いか．

アルファベットは 26 文字あり，$\log_2 26 = 4.70$ なので，次図のように，できるだけ同じ個数に 2 つに分けてどちらに入っているかを質問して行けば，4 回あるいは 5 回でその文字を特定することができる．その場合，質問回数の平均値は $\frac{124}{26} = 4.769$ である．

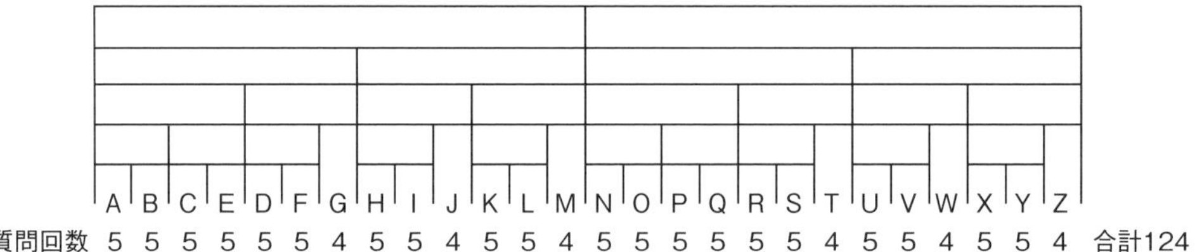

どの文字も等確率 $\frac{1}{26}$ で 1 つの文字を選んだのであれば，それを知るための平均質問回数は，この 4.769 が最良であることが理論的に示されている．しかし，英文書の中にあるアルファベットの頻度は文字によって異なり，実際には次のようなパーセンテージになっている．このことを用いたら，平均質問回数を減らすことが可能である．その方法には，次のハフマン符号を用いる．

A	B	C	D	E	F	G	H	I	J	K	L	M
8.17	1.49	2.78	4.25	12.7	2.23	2.02	6.09	6.97	0.15	0.77	4.03	2.41
N	**O**	**P**	**Q**	**R**	**S**	**T**	**U**	**V**	**W**	**X**	**Y**	**Z**
6.75	7.51	1.93	0.1	5.99	6.33	9.06	2.76	0.98	2.36	0.15	1.97	0.07

7.7 ハフマン符号

ABCDEFG の 6 文字からできている ABCAADBCBBAEGDABCEBABFADA という長さ 25 の文字列がある．ABCDEFG の文字を 0, 1 を用いたコードに変換して，この文字列を 0, 1 で表したい．

7 種類の文字なので，欄外の表のように 1 文字を 3 ビットのコードに変換することができる．すると，この 25 文字の文字列は次のような $3 \times 25 = 75$ ビットで表される．

A	000
B	001
C	010
D	011
E	100
F	101
G	110

000001010000000011001010001001000100110011000001010100001000001101000011000

しかし，文字の使用頻度を考慮に入れると，文字列を表すビット数がもっと少なくなるようなコードの仕方がある．与えられた文字列にある文字を数えると次のようになる．

文字	A	B	C	D	E	F	G
使用頻度	8	7	3	3	2	1	1

ハフマン符号は，最初は各 1 文字で 1 つの組としておいて，「最も使用頻度の少ない 2 つの組をあわせて 1 つの組にして，その中で 0 , 1 の符号をつけて 2 組を区別する」という操作を繰り返すことで得られる．先ほどの文字列の場合は次のようになる．

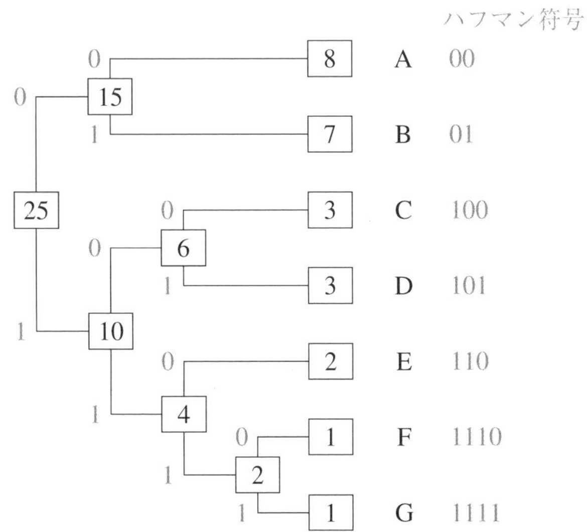

頻度の高い文字は短いコードで，頻度の低い文字は長いコードで表している．このコードを用いると，与えられた文字列は次の 62 ビットで表される．先ほどの表示と比べると，ビット数で約 17%の節約となっている．

00011000000101011000101001101111101000110011001000111100010100

	頻度 (%)	コード	コード長	情報量
D	4.25	00000	5	4.56
L	4.03	00001	5	4.63
A	8.17	0001	4	3.61
O	7.51	0010	4	3.74
G	2.02	001100	6	5.63
Y	1.97	001101	6	5.67
P	1.93	001110	6	5.70
B	1.49	001111	6	6.07
I	6.97	0100	4	3.84
N	6.75	0101	4	3.89
E	12.70	011	3	2.98
S	6.33	1000	4	3.98
H	6.09	1001	4	4.04
R	5.99	1010	4	4.06
C	2.78	10110	5	5.17
U	2.76	10111	5	5.18
M	2.41	11000	5	5.37
W	2.36	11001	5	5.41
F	2.23	11010	5	5.49
K	0.77	1101100	7	7.02
X	0.15	110110100	9	9.38
J	0.15	110110101	9	9.38
Q	0.10	110110110	9	9.97
Z	0.07	110110111	9	10.50
V	0.98	110111	6	6.67
T	9.06	111	3	3.46

「先ほどのコードは 3 桁ごとの区切りがはっきりしていたけど，このコードではどこで区切るのか分からないのではないか」という心配がある．しかし，それは大丈夫である．どの文字のコードも，他の文字のコードの先頭部分であることはないので，先頭から見ていってある文字のコードになったら，その文字であることが確定するからだ．上の例で言えば，先頭の 00 で A となり，次の 01 で B，その次の 100 で C，... というように次々と文字が確定する．

英文書におけるアルファベット各文字の頻度に従い，ハフマン符号を割り振ると左のようになる．各文字のコード長は，英文書中の 1 文字がその文字であることの情報量（$-\log_2$ 頻度）とほぼ同じになっている．

先ほどの文字当てゲームの最良の方法は，「その文字のハフマン符号の i 番目は，0 ですか？」という質問を $i = 1, 2, 3, \ldots$ で繰り返すことである．そうすると，早ければ 3 回目に，遅くとも 9 回目に，その文字が判定し，平均の質問回数は 4.21 回となる．これは，頻度を考慮せずに質問したときの平均回数 4.77 よりも 0.56 だけ少なくなっている．

また，英文書中の 1 文字が何であるかを知ったときの平均の情報量は 4.18 である．平均質問回数がこの値を下回ることは原理的に不可能であり，実際，上記のハフマン符号に従う質問が最良である．

7.8 数当てゲーム

情報量を考える題材として最適な，数当てゲームをやってみよう．

相手に，桁の数字がすべて異なる 4 桁の数を考えてもらう．その 4 桁の数を推測して言うと，相手から (場所も数字も一致している数字の個数，場所は違うが他の桁に使われている数字の個数) の返答が返ってくる．その情報を元にさらに推測して言うことを繰り返し，出来るだけ早く言い当てる．

たとえば，相手の考えた数が 3781 であったときに，6387 と推測して言うと，場所も数字も合っているのは 8 で，場所は違うが他の桁で使われている数字は 3, 7 なので，(1, 2) という返答になる．

桁の数字がすべて異なる 4 桁の数は，先頭に 0 以外の 9 通りの数字を置き，それ以降はそれ以前に使っていない数字を並べてできるので，$9 \times 9 \times 8 \times 7 = 4536$ 通りある．そして，返答の可能性は (0, 0), (0, 1), (0, 2), (0, 3), (0, 4), (1, 0), (1, 1), (1, 2), (1, 3), (2, 0), (2, 1), (2, 2), (3, 0), (4, 0) の 14 通りである．

先頭には置けない 0 だけは特別であるが，他の 1 から 9 までの数字はどれも同等である．したがって，最初に推測する数は，数字 0 を用いるか用いないか，で類別できる．どちらの方が，平均情報量が多いか調べてみよう．以後，小文字 a, b, c, ... は 0 以外の数字を表す．

0 を用いないで abcd と推測した場合には，各返答についての場合の数および情報量は次のようになり，平均情報量は 2.7867 となる．

返答	(0, 0)	(0, 1)	(0, 2)	(0, 3)	(0, 4)	(1, 0)	(1, 1)	(1, 2)	(1, 3)	(2, 0)	(2, 1)	(2, 2)	(3, 0)	(4, 0)
場合数	300	1260	1155	253	9	420	660	207	8	165	69	6	23	1
情報量	3.92	1.85	1.97	4.16	8.98	3.43	2.78	4.45	9.15	4.78	6.04	9.56	7.62	12.10

0 を用いて a0bc と推測した場合には，各返答についての場合の数および情報量は次のようになり，平均情報量は 2.7788 となる．

返答	(0, 0)	(0, 1)	(0, 2)	(0, 3)	(0, 4)	(1, 0)	(1, 1)	(1, 2)	(1, 3)	(2, 0)	(2, 1)	(2, 2)	(3, 0)	(4, 0)
場合数	360	1320	1050	198	6	480	660	180	6	180	66	5	24	1
情報量	3.66	1.78	2.11	4.52	9.56	3.24	2.78	4.66	9.56	4.66	6.10	9.83	7.56	12.10

したがって，僅かではあるが，0 を用いないで abcd と推測したほうが情報量が多い．

では次に，abcd と推測してその返答が，たとえば一番場合数の多い (0, 1) であったとする．正解には，a, b, c, d のうちのいずれか 1 つが違う場所に使われているので，それが，a であると推測した場合と，それ以外の b, c, d であると推測した場合とに分ける．

使われているのが a の場合，その場所は元の場所でなければどこでも同じなので eafg と ea0f とを考えれば十分である．eafg と推測した場合には平均情報量は 2.8773 となる．また，ea0f と推測した場合には平均情報量は 2.8586 となる．

使われているのが b, c, d の場合，どれも同様なので，b としてよい．b を置く場所は，先頭あるいは 3, 4 番目であるが，3, 4 番目はどちらも同じなので，先頭か，3 番目を考えればよい．befg の平均情報量は 2.8703，b0ef の平均情報量は 2.8808，be0f の平均情報量は 2.8835，efbg の平均情報量は 2.8791，e0bf の平均情報量は 2.8853，efb0 の平均情報量は 2.8864 である．

あえて a, b, c, d のすべてを用いずに，efgh（あるいは efg0）と推測することもできる．正解でないことは分かっているが，{a, b, c, d}，{e, f, g, h}，{i, 0} の 3 グループ内で使われている数字の個数が分かるという良質の情報を優先するためである．しかし，その情報量は 2.6411（あるいは 2.6541）であり明らかに不利である．

以上をまとめると，これも僅かなちがいであるが，もっとも平均情報量が多いのは efb0 と推測したときである．

このように，このゲームでは情報量を計算しつつ推測を行うことが重要になる．最多の平均情報量をもつ推測を常にした場合，的中するまでの推測回数の平均値は 5.223 回になる．

ユークリッドの互除法

8.1 商と余りと

分数を習っていない小学校の時の割り算は，割り切れないと余りが出る割り算だった．例えば，13 割る 5 は 2 余り 3，$13 \div 5 = 2 \cdots 3$ である．

では，-13 割る 5 は何だろうか．答えは次の 2 通りが考えられる．

(a) $-13 \div 5 = -2 \cdots -3$

(b) $-13 \div 5 = -3 \cdots 2$

一般的には，(a) であろう．-1 が 13 個あるのを 5 人で分けたら，2 個ずつで 3 個余るので，-2 余り -3 である．コンピュータのプログラム言語であるC 言語でも，整数の割り算はこのようになっている．

でも，借金が 13 円あって，それを 5 人で負担するとしたらどうなるかを考えてみると，違うことになる．5 人で借金を 2 円ずつ負担すると，借金が 3 円残る．借金を残しては困るので，3 円ずつ負担してお金が 2 円残るのが正解とも考えられる．

数学的な正解を言うと (b) である．整数の割り算の商と余りとは次のように定義されているからだ．

定義 8.1

整数 a を，正の整数 b で割ったときの，商 q，余り r は，

$$a = bq + r \quad (0 \leq r < b)$$

を満たす整数である．

大切なことは，余りは常に 0 以上 b 未満であることである．借金を割ることでたとえると，借金は残さない，という方針である．

b を正の整数として，a が b で割った余りが 0，すなわち a が b で割り切れるときに，a は b の倍数，b は a の約数という．ここで，$a = 0$ としてみると，$0 \div b = 0 \cdots 0$ なので，0 は b の倍数であり，b は 0 の約数であることに注意する．したがって，正の整数 $1, 2, 3, \ldots$ はすべて 0 の約数である．

d が a, b 共通の倍数であるとき，d は a, b の公倍数，d が a, b 共通の約数であるとき，d は a, b の公約数という．a, b の正の公倍数の中で最も小さいものを最小公倍数といい，$\mathrm{LCM}(a, b)$ と書く (Least Common Multiple)．a, b の正の公約数の中で最も大きいものを最大公約数といい，$\mathrm{GCD}(a, b)$ と書く (Greatest Common Divisor)．0 の約数は $1, 2, 3, \ldots$ であり，b の約数で一番大きいものは b であるので，$\mathrm{GCD}(0, b) = b$ であることに注意する．

a と b との最大公約数が 1 であるとき，すなわち共通の素因数を持たないとき，a と b とは**互いに素**であるという．

8.2　ユークリッドの互除法

紀元前 300 年頃にプトレマオス朝エジプトで書かれたユークリッドの「原論」に記述され，今では「ユークリッドの互除法」と呼ばれる最大公約数を求めるための手順は，人類が見つけた最古のアルゴリズムと言われている．21 世紀の現代でも，それは最速のアルゴリズムであり，スマホやコンピュータの中で実際に働いている．

ユークリッドの互除法は次の定理を原理としている．

定理 8.1

a を b で割った余りを r とするとき，$\mathrm{GCD}(a, b) = \mathrm{GCD}(b, r)$ である．

証明は非常に簡単で，しかも不等式を用いる所が面白いので紹介しておく．

［証明］　$\mathrm{GCD}(a, b) = d, \mathrm{GCD}(b, r) = d'$，$a$ を b で割った商を q とする．$a = bq + r$ であるので，b, r の公約数 d' は a の約数でもある．よって d' は a, b の公約数なので，それは最大公約数 d 以下であり，$d' \leq d$．また，$r = a - bq$ であるので，a, b の公約数 d は r の約数でもある．よって d は b, r の公約数なので，それは最大公約数 d' 以下であり，$d \leq d'$．したがって $d = d'$ となる．∎

この定理を何度も用いて計算を行うのがユークリッドの互除法である．実際に $\mathrm{GCD}(1155, 1008)$ を求めてみよう．

$1155 \div 1008 = 1 \cdots 147$ であるから $\mathrm{GCD}(1155, 1008) = \mathrm{GCD}(1008, 147)$

$1008 \div 147 = 6 \cdots 126$ であるから $\mathrm{GCD}(1008, 147) = \mathrm{GCD}(147, 126)$

$147 \div 126 = 1 \cdots 21$ であるから $\mathrm{GCD}(147, 126) = \mathrm{GCD}(126, 21)$

$126 \div 21 = 6 \cdots 0$ であるから $\mathrm{GCD}(126, 21) = \mathrm{GCD}(21, 0) = 21$

よって，$\mathrm{GCD}(1155, 1008) = 21$

a	b	r
1155	1008	147
1008	147	126
147	126	21
126	21	0

$\mathrm{GCD}(1155, 1008) = 21$

問題 8.1　ユークリッドの互除法を用いて $\mathrm{GCD}(1890, 1584)$ を求めよ．

8.3　割れるタイル

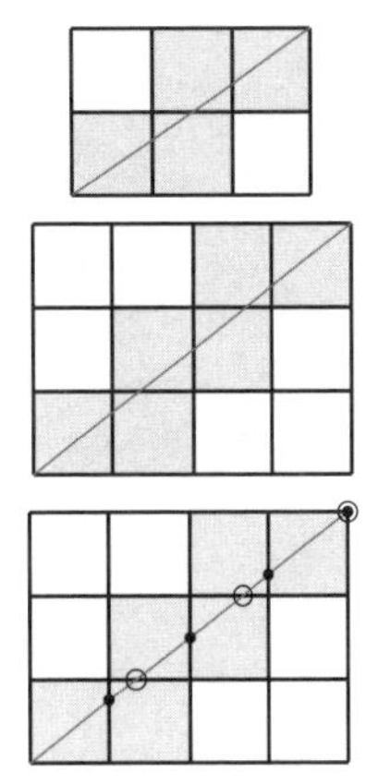

3×2 の形に敷き詰められたタイルを対角線で割る．割れるタイルは何個だろうか．答えはもちろん，4 個である．

では，4×3 の形に敷き詰められたタイルの場合はどうであろうか．数えてみると，6 個が割れる．

一般に $a \times b$ の形に敷き詰められたタイルの場合は，何個が割れるだろうか．上の 2 つの場合から $a + b - 1$ 個が割れそうである．確かに，5×4 の場合は 8 個が割れて，7×5 の場合は 11 個が割れる．

では，何故そうなるのかを考えてみよう．$a \times b$ の形のマス目を，横に a 部屋が並んだ b 階建てのアパートとする．斜めに引いた線が通る部屋を数えればよい．左下の部屋から数えよう．部屋を通った後，壁を破って隣の部屋に行く．次に，天井を破って上の部屋．.... そして，最後に壁を破って右上の部屋を通って一番右の壁と一番上の天井を同時に破って終わりである．壁を破く音が「ドン」（図では黒丸），天井を破く音が「バリ」（図では白丸）とすると，その破く音が聞こえた回数が答えとなる．「ドン」は a 回，「バリ」は b 回聞こえるが，最後の 1 回は「ドンバリ」と同時に聞こえるので，聞こえる回数は $a + b - 1$ 回となる．

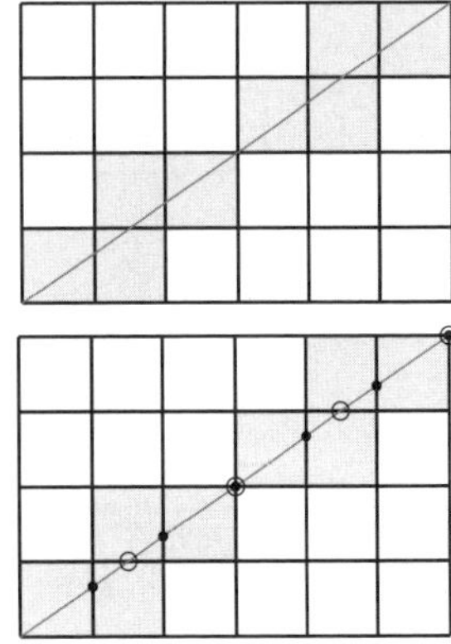

では，6×4 の場合を見てみよう．割れるタイルは 8 枚である．

あれ？ $6 + 4 - 1 = 9$ と違う．何故だろう．よく見ると，右上の角の他にも，対角線がタイルの角を通っている場所があるので，割れる枚数が減っているのだ．

図を見てみると，白丸と黒丸とが重なった点で，横方向も縦方向も 2 等分されている．何故 2 等分かというと，横 6 と縦 4 との最大公約数が 2 であるからだ．「ドンバリ」と同時に聞こえる回数は，横縦の最大公約数回となるので，それを $6 + 4 - 2 = 8$ 回となる．

まとめると，次のようになる．

> $a \times b$ の形に敷き詰めたタイルを対角線で割ったときに割れるタイルの枚数は $a + b - \mathrm{GCD}(a, b)$ である．

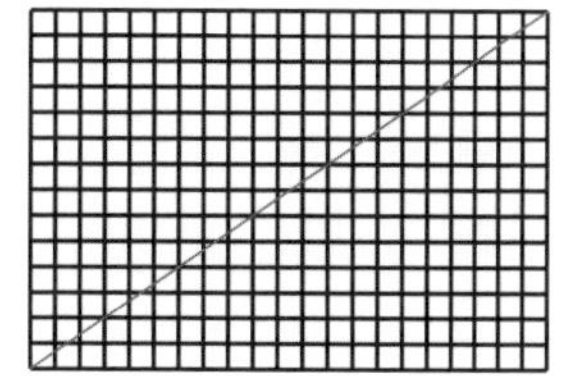

問題 8.2　21×14 の形に敷き詰めたタイルを対角線で割ったときに割れるタイルの枚数を求めよ．

8.4　互除法の応用

次の問題を考えよう．

> 1 個 810 円のメロンと，1 個 105 円のリンゴとを買って，全部で 14265 円であった．それぞれ何個買ったか．

条件を式で表すと次のようになる．

$$810x + 105y = 14265,\quad x \geq 0,\quad y \geq 0\quad x, y \text{ は整数}$$

変数が 2 個あるのに等式が 1 個しかないので，一般的には答えは一意には決まらない．このような方程式を不定方程式という．

$\mathrm{GCD}(810, 105) = 15$ なので，$810x + 105y = 14265$ も 15 の倍数でなければならないが，確かに $14265 = 15 \times 951$ であるので倍数である．だから，この等式を満たす整数解 (x, y) があってもおかしくはなく，それを求めるには

$$810x + 105y = \mathrm{GCD}(810, 105) = 15$$

の整数解 (x, y) を求めて x, y とも 951 倍すればよい．この (x, y) を求めるには次の定理が使える．

定理 8.2

a を b で割った商を q，余りを r とし，$d = \mathrm{GCD}(a, b)$ とする．

$ax + by = d$ の整数解の一つ (x, y) は，$bx' + ry' = d$ の整数解 (x', y') から

$$x = y',\quad y = x' - qy'$$

として得られる．

［証明］　$x = y'$，$y = x' - qy'$ とおくと，$a = bq + r$ なので，$ax + by = (bq + r)y' + b(x' - qy') = bqy' + ry' + bx' - bqy' = bx' + ry' = d$ となる．■

この定理により，$ax + by = d$ の整数解の 1 つは，$d = \mathrm{GCD}(a, b)$ を求める互除法を行って，d が求まった時点（a が b で割り切れるので，$(x, y) = (0, 1)$）から逆算して戻ることにより求まる．

具体的に筆算をすると次のようになる．この筆算は，最上段から始めて

q, r を求めながら最下段まで行き，$r = 0$ となった時点で $x = 0, y = 1$ とおき，その後，下の行の x, y から上の行の x, y を求めることを繰り返して，最上段まで戻ることで実行される．

a	b	q	r	x	y
810	105	7	75	3	$-2 - 7 \times 3 = -23$
105	75	1	30	-2	$1 - 1 \times (-2) = 3$
75	30	2	15	1	$0 - 2 \times 1 = -2$
30	15	2	0	0	1

q	x	y
q	y'	$x' - qy'$
	x'	y'

確かに，$810 \times 3 + 105 \times (-23) = 15$ となるので，$(x, y) = (3, -23)$ は整数解の 1 つである．

問題 8.3　$420x + 133y = 7$ の整数解を 1 つ見つけよ．

さて，先ほどのメロンとリンゴとの問題は，$810x+105y = 15$ の整数解の一つが $(x, y) = (3, -23)$ であったので，それを 951 倍して $(x, y) = 951(3, -23) = (2853, -21873)$ とすれば，$810x + 105y = 14265$ の整数解とはなるが，これでは $x \geq 0$，$y \geq 0$ を満たしていない．そこで役に立つのが次の定理だ．

定理 8.3

a, b, c を整数，$\mathrm{GCD}(a, b) = d, a' = \dfrac{a}{d}, b' = \dfrac{b}{d}$ とする．

$ax + by = c$ の整数解の一つを (x_0, y_0) とするとき，$ax + by = c$ のすべての整数解 (x, y) は整数のパラメタ k を用いて $x = x_0 + b'k$, $y = y_0 - a'k$ で与えられる．

［証明］　$ax_0 + by_0 = c, ax + by = c$ であるから，辺々を引くと $a(x - x_0) + b(y - y_0) = 0$ となるので，$a(x - x_0) = -b(y - y_0)$ となるが，これは a, b の公倍数だから，最小公倍数 $\mathrm{LCM}(a, b) = \dfrac{ab}{d} = a'b'd$ の倍数である．そこで，$a(x - x_0) = -b(y - y_0) = a'b'dk$ とおくと，$a'd = a, b'd = b$ に注意すると，$a(x - x_0) = ab'k$ より $x = x_0 + b'k, y = y_0 - a'k$ となる． ▮

メロンとリンゴとの問題は，$810 = 15 \times 54$, $105 = 15 \times 7$ であるので，$(x, y) = (2853, -21873) + k(7, -54) = (2853 + 7k, -21873 - 54k)$ が整数解のすべてである．ここで $x, y \geq 0$ とすれば，$2853 + 7k \geq 0$ かつ $-21873 - 54k \geq 0$．よって，$-407.571 = \dfrac{21873}{54} \leq k \leq \dfrac{2853}{7} = -405.056$ より $k = -407, -406$．したがって答えは $(x, y) = (11, 51)$ または $(4, 105)$ である．

問題 8.4　$420x + 133y = 7147$, $x, y \geq 0$ を満たす整数 x, y を求めよ.

8.5　バケツ問題

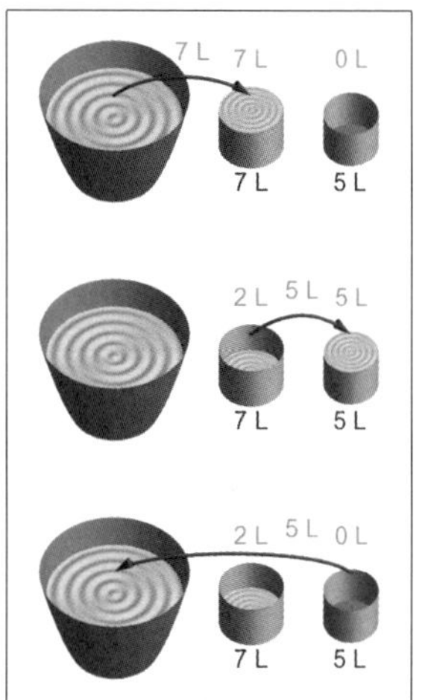

よくある，2 種類のバケツを使って指定された量の水を水瓶から量り取る問題を考えてみよう．ただし，バケツは，水を満杯にするという使い方しかできない．また，不要な水は元に戻すことにする．

この問題を解くときに大切なことは，操作回数をできるだけ少なくすることである．

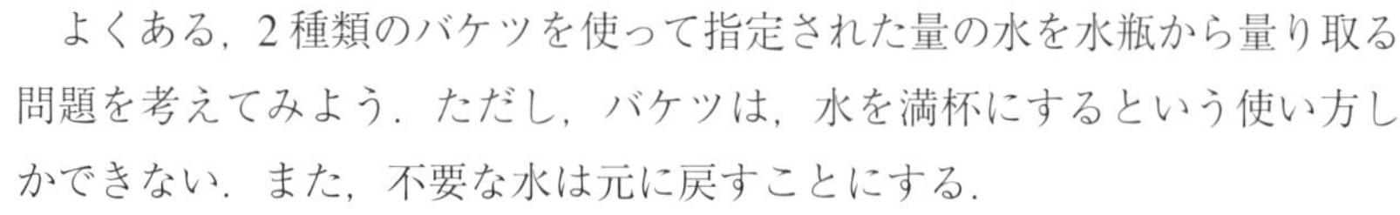

7 L のバケツと 5 L のバケツとを使って，2 L の水を量りたい．

まず，7 L のバケツで水をくんで，それの一部で 5 L のバケツを満杯にして，それを戻すと，2 L の水が得られる．操作回数は 3 回で，明らかにこれが最小だ．

これは簡単だった．では，次の問題はどうだろう．

7 L のバケツと 5 L のバケツとを使って，3 L の水を量りたい．

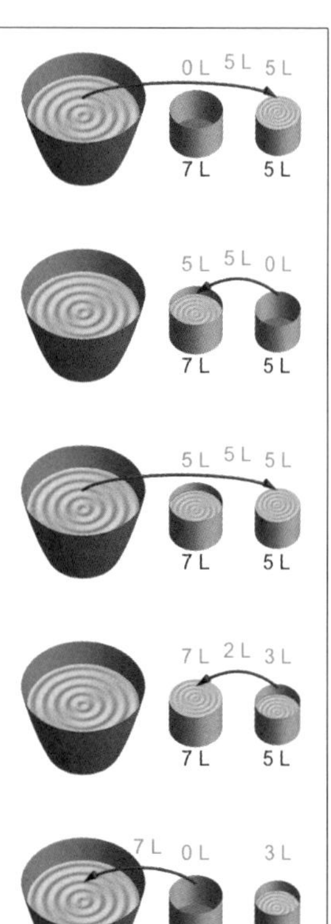

まず，5 L のバケツで水をくんで，それを 7 L のバケツに移して，もう一度，5 L のバケツで水をくんで，その一部を 7 L のバケツに移して満杯にして，それを戻すと，3 L の水が得られる．操作回数は 5 回で，おそらくこれが最小だろう．

では，次の問題はどうだろう．

9 L のバケツと 5 L のバケツとを使って，7 L の水を量りたい．

これは，なかなか難しい．そこで，一般的に次の問題を考えてみよう．もちろん，操作回数が最小の答えを求めるのだ．

a L のバケツと b L のバケツとを使って，c L の水を量りたい．

ここで，バケツの使い方をよく考えてみる．きちんと量を量るためには，バケツの使い方は，満杯にするか空にするかしかない．そのときの水の移動は，水瓶とバケツの間か，バケツとバケツの間か，の 2 通りある．まとめると，次の 4 通りになる．

[水瓶 ⇔ バケツ]

(1) 空のバケツ A で水を水瓶から汲み上げて満杯にする

(2) 満杯のバケツ B の水を水瓶に戻して空にする

[バケツ ⇔ バケツ]

(3) 片方のバケツ A の水の一部を他方 B に移して B を満杯にする

(4) 片方のバケツ A の水の全部を他方 B に移して A を空にする

水を汲み上げた直後にそれを戻すことは無意味なので，[水瓶 ⇔ バケツ] の次にする操作は [バケツ ⇔ バケツ] であり，バケツからバケツに移した直後にそれを逆に戻すことも無意味なので，[バケツ ⇔ バケツ] の次にする操作は [水瓶 ⇔ バケツ] である．また，水瓶から水を汲み上げるバケツと，水瓶に水を戻すバケツとは混用されることはないことも分かる．一方のバケツで汲み上げた水を，他方のバケツに移して，それが満杯になったら水瓶に戻す，ということを繰り返すだけである．

したがって，a L のバケツで x 回，b L のバケツで y 回だけ水を汲み上げあるいは戻して（戻すときは負の値）$ax + by = c$ とすることを考えればよい．

操作回数は，汲み上げと戻しが $|x| + |y|$ 回で，その間に [バケツ ⇔ バケツ] の操作が $|x| + |y| - 1$ 回あるので，全部で $2(|x| + |y|) - 1$ 回である．

$ax + by = c$ の一つの解 (x_0, y_0) をユークリッドの互除法を用いて求めて，先ほどの定理を用いると $(x, y) = (x_0, y_0) + k(b, -a)$ がすべての整数解なので，この中で $|x| + |y|$ の値が最小であるものを求めれば良い．例えば，9 L と 5 L のバケツで 7 L を量る問題の解は次のようになる．

ユークリッドの互除法で $9x + 5y = 1$ の一つの解 $x = -1, y = 2$ が求まるので，これを 7 倍すると，$9x + 5y = 7$ の一つの整数解 $(x_0, y_0) = (-7, 14)$ が求まる．$9x + 5y = 7$ の全ての整数解は $(x, y) = (-7, 14) + k(5, -9) = (5k - 7, 14 - 9k)$．このうちで，$|x| + |y| = |5k - 7| + |14 - 9k|$ の値が最小であるのは，$k = 1$ のときの $(-2, 5)$ と $k = 2$ のときの $(3, -4)$ であり，どちらも $|x| + |y|$ の値は 7 である．したがって，5 L のバケツで 5 回汲み上げて 9 L のバケツで 2 回戻す方法か，9 L のバケツで 3 回汲み上げて 5 L のバケツで 4 回戻す方法かが最小の操作回数 $2 \times 7 - 1 = 13$ 回の方法である．

問題 8.5 8 L のバケツと 7 L のバケツとを使って 4 L の水を量る最も短い手順は何か．

問題 8.6 7 L のバケツと 3 L のバケツとを使って，5 L の水を量る最も短い手順は何か．

合同式

9.1　商と余りと

いま一度，商と余りとの定義を確認しておこう．

定義 9.1

整数 a を，正の整数 b で割ったときの，商 q，余り r は，

$$a = bq + r \quad (0 \leq r < b)$$

を満たす整数である．

この余りを用いて，面白い数学ができる．

9.2　合同式

2 つの図形が合同である，というのは一方を動かして他方にぴたりと重なるときをいい，$\triangle ABC \equiv \triangle A'B'C'$ のように書くが，数にも合同という概念がある．

定義 9.2

整数 a, b と 2 以上の整数 n に対して，$a - b$ が n の倍数のとき，a と b とは n を法として合同であるといい，$a \equiv b \mod n$ と表す．このような式を合同式という．

図形の合同との対比で言うと，a と b とが n を法として合同であるとは，a と b とが n の倍数だけ動かすことでぴたりと重なるということである．

n で割った余りを使って次のようにも言える．

定義 9.3

$a \equiv b \mod n$ とは，a, b それぞれを n で割った余りが等しいこと

合同式のいくつかの性質を述べる．

合同式の性質

(1) $a \equiv b \mod n,\ c \equiv d \mod n \Rightarrow a \pm c \equiv b \pm d \mod n$

(2) $a \equiv b \mod n,\ c \equiv d \mod n \Rightarrow ac \equiv bd \mod n$

合同なものを足したり引いたり掛けたりしても合同である，ということである．ここでは，(2) だけを証明しておく．

［証明］ $c \equiv d \mod n$，$a \equiv b \mod n$ より $c - d, a - b$ は n の倍数だから，$ac - bd = ac - ad + ad - bd = a(c - d) + (a - b)d$ も n の倍数．よって $ac \equiv bd \mod n$ ▮

当たり前の性質ではあるが，余りを計算するときに非常に役に立つ．

例題 9.1

(1) 84×87 を 81 で割った余りを求めよ．

(2) 84×87 を 89 で割った余りを求めよ．

［解答］

(1) $84 \equiv 3,\ 87 \equiv 6 \mod 81$ より，$84 \times 87 \equiv 3 \times 6 \equiv 18 \mod 81$ なので余りは 18.

(2) $84 \equiv -5,\ 87 \equiv -2 \mod 89$ より，$84 \times 87 \equiv -5 \times -2 \equiv 10 \mod 89$ なので余りは 10. ▮

問題 9.1 $74 \times 76 \times 79 \times 80$ を 77 で割った余りを求めよ．

例題 9.2

(1) 3^{10} を 8 で割った余りを求めよ．

(2) 3^{10} を 28 で割った余りを求めよ．

［解答］

(1) $3^2 = 9 \equiv 1 \mod 8$ なので，$3^{10} = 9^5 \equiv 1^5 = 1 \mod 8$ より余り 1.

(2) $3^3 = 27 \equiv -1 \mod 28$ なので，$3^{10} = 27^3 3 \equiv (-1)^3 3 = -3 \equiv 25$ より余り 25. ▮

問題 9.2 53^{53} を 17 で割った余りを求めよ．

9.3　合同式での逆数

次の問題を考える．

> 何ダースかの鉛筆を 17 人で分けたら 3 本余った．鉛筆は何ダースあったか．ただし，17 ダース以下とする．

鉛筆が x ダースあったとして，条件を合同式で書くと次のようになる．

$$12x \equiv 3 \mod 17$$

単なる 1 次方程式なら，両辺を 12 で割れば答えが $x = \dfrac{1}{4}$ と求まるが，x は整数でなければならないので，こういう計算はできない．

しかし，割ることはできなくても，掛けることはできる．試しに，両辺に 10 を掛けてみると $120x \equiv 30 \equiv 13 \mod 17$ となるが，ここで $120 \equiv 1 \mod 17$ であるから，$x \equiv 13 \mod 17$ となり，答え 13 ダースが求まる．

この 10 という数は，「12 に掛けたら 17 を法として 1 になる」

$$12 \times 10 \equiv 1 \mod 17$$

という意味で，「17 を法とした 12 の逆数」という．

定義 9.4

> $ab \equiv 1 \mod n$ であるとき，b を，n を法とした a の逆数といい，$b \equiv a^{-1} \mod n$ と書く．

合同式で割り算をしたければ，逆数を見つけてそれを掛ければよいのだ．

● 逆数があるための条件と求め方と

しかし，逆数はいつでもあるわけではない．例えば，10 を法とした 6 の逆数は存在しない．なぜなら，6 と 10 とは公約数 2 を持つので $6b$ を 10 で割った余りも約数 2 持つから，$6b \equiv 1 \mod 10$ とはなり得ないからだ．

だが，a が n と互いに素であるときには，逆数が存在する．

> n を法とした a の逆数が存在するための必要十分条件は，a と n とが互いに素，すなわち $\mathrm{GCD}(a, n) = 1$ であること．

実際，$\mathrm{GCD}(a, n) = 1$ であるとき，$ax + ny = 1$ の整数解 (x, y) をユークリッドの互除法で求めることができ，$ax = 1 - ny \equiv 1 \mod n$ であるから，この x が n を法とした a の逆数である．例えば，17 を法とした 12 の逆数は，次のように $12^{-1} \equiv -7 \equiv 10 \mod 17$ と求まる．

a	n	q	r	x	y
12	17	0	12	−7	5
17	12	1	5	5	−7
12	5	2	2	−2	5
5	2	2	1	1	−2
2	1	2	0	0	1

問題 9.3

(1) 31 を法とした 17 の逆数を求めよ.

(2) $17x \equiv 5 \mod 31$ を満たす整数 x を求めよ.

(3) 777 を何倍かしたら下 3 桁が 999 となった. 何倍したのか, 1000 以下の正の整数で答えよ.

9.4 倍数であることの簡単なチェック法

ある数が 3 の倍数であるかどうかは, その数の各桁の総和が 3 の倍数かどうかで分かる. 例えば, $384 = 3 \times 128$ は 3 の倍数で, その各桁の総和 $3 + 8 + 4 = 15 = 3 \times 5$ は確かに 3 の倍数である. 何故だろうか.

整数 a を 10 進法表記したものを, $a_k a_{k-1} \cdots a_2 a_1 a_0$ とする. a_i は 10^i の桁だから, $a = a_k 10^k + a_{k-1} 10^{k-1} + \cdots + a_2 10^2 + a_1 10 + a_0$ という意味である.

ここで, 3 を法として考えると, $10 \equiv 1 \mod 3$ だから $10^i \equiv 1 \mod 3$ であり,

$$\begin{aligned} a &= a_k 10^k + a_{k-1} 10^{k-1} + \cdots + a_2 10^2 + a_1 10 + a_0 \\ &\equiv a_k + a_{k-1} + \cdots + a_2 + a_1 + a_0 \mod 3 \end{aligned}$$

となる. だから, 倍数であるかだけでなく, 3 で割った余りが分かる.

3 で割った余り = 各桁の総和を 3 で割った余り

例えば $12345 \equiv 1 + 2 + 3 + 4 + 5 = 15 \equiv 0 \mod 3$ となる.

$10 \equiv 1 \mod 9$ であるから, 9 の場合も同様にできる.

9 で割った余り = 各桁の総和を 9 で割った余り

例えば, $12345 \equiv 1 + 2 + 3 + 4 + 5 = 15 \equiv 6 \mod 9$ となる.

4 で割った余りは, $10 \equiv 2, 100 \equiv 0 \mod 4$ であるから, $a \equiv 2a_1 + a_0 \mod 4$ となる.

4 で割った余り $=$ 下 2 桁を 4 で割った余り $=$ $2a_1 + a_0$ を 4 で割った余り

例えば，$12345 \equiv 45 \equiv 4 \times 2 + 5 = 13 \equiv 1 \mod 4$ となる．

8 で割った余りは，$10 \equiv 2, 100 \equiv 4, 1000 \equiv 0 \mod 8$ であるから，$a \equiv 4a_2 + 2a_1 + a_0 \mod 8$ となる．

8 で割った余り $=$ 下 3 桁を 8 で割った余り $=$ $4a_2 + 2a_1 + a_0$ を 8 で割った余り

例えば，$12345 \equiv 345 \equiv 3 \times 4 + 4 \times 2 + 5 = 25 \equiv 1 \mod 8$ となる．

11 で割った余りを考えよう．$10 \equiv -1 \mod 11$ であるから，$10^i \equiv (-1)^i \mod 11$．したがって

$$
\begin{aligned}
a &= a_k 10^k + a_{k-1} 10^{k-1} + \cdots + a_2 10^2 + a_1 10 + a_0 \\
&\equiv (-1)^k a_k + (-1)^{k-1} a_{k-1} + \cdots + a_2 - a_1 + a_0 \mod 11
\end{aligned}
$$

であるから，桁の数字を交互に足して引けば良い．

11 で割った余り $=$ $a_0 - a_1 + a_2 - a_3 + a_4 - \cdots$ を 11 で割った余り

例えば，$123456 \equiv -1 + 2 - 3 + 4 - 5 + 6 \equiv 3 \mod 11$ となる．最後の桁 6 が $+$ であることに注意しよう．

少し難しい 7 で割った余りを考えよう．$1000 \equiv -1 \mod 7$ であることに注意して，桁を 3 桁ごとに区切って，$a = \cdots a_{11}a_{10}a_9, a_8a_7a_6, a_5a_4a_3, a_2a_1a_0$ とすると，

$$
\begin{aligned}
a &= \cdots a_{11}a_{10}a_9 1000^3 + a_8a_7a_6 1000^2 + a_5a_4a_3 1000 + a_2a_1a_0 \\
&\equiv \cdots a_{11}a_{10}a_9 (-1)^3 + a_8a_7a_6 (-1)^2 + a_5a_4a_3 (-1) + a_2a_1a_0 \\
&= \cdots - a_{11}a_{10}a_9 + a_8a_7a_6 - a_5a_4a_3 + a_2a_1a_0 \mod 7
\end{aligned}
$$

7 で割った余り $=$ 3 桁ごとに区切った数を交互に加減算して 7 で割った余り

例えば，$1234567890 \equiv -1 + 234 - 567 + 890 = 556 \equiv 3 \mod 7$ となる．これも最後の 3 桁 890 が+ であることに注意．

最後の 556 を 7 で割った余りを計算するのも難しい場合は，次の方法がある．

7 で割った余り ＝ [3 桁目以上の数] × 2 + [下 2 桁の数] を 7 で割った余り

例えば，$556 \equiv 5 \times 2 + 56 = 66 \equiv 3 \mod 7$ となる．

最後に 13 で割った余りを考えよう．幸運にも 7 と同様に $1000 \equiv -1 \mod 13$ であるので，3 桁ごとに区切って，7 の場合と同様にできる．

$$a \equiv \cdots - a_{11}a_{10}a_9 + a_8a_7a_6 - a_5a_4a_3 + a_2a_1a_0 \mod 13$$

13 で割った余り ＝ 3 桁ごとに区切った数を交互に加減算して 13 で割った余り

例えば，$1234567890 \equiv -1 + 234 - 567 + 890 = 556 \equiv 10 \mod 13$ となる．

倍数かどうかに絞ってまとめると，次のようになる．

- 3, 9 の倍数は，各桁の総和が 3, 9 の倍数
- 4, 8 の倍数は，下 2 桁，下 3 桁が 4, 8 の倍数
- 11 の倍数は，各桁の交互加減算が 11 の倍数
- 7, 13 の倍数は，3 桁ごとに区切った交互加減算が 7, 13 の倍数

問題 9.4 $111\cdots111$ という数字 1 だけの 100 桁の整数を 13 で割った余りを求めよ．

9.5 中国剰余定理

次の問題を考えよう．

鉛筆を 25 人で分けると 7 本余り，23 人で分けると 4 本余る．鉛筆は何本あるか．できるだけ少ない本数で答えよ．

この問題は次の中国剰余定理[*1] と名前の付いた次の定理で解決する．

*1 これと同様のことが，4 世紀頃の中国で書かれた算術書「孫子算経」に書かれていたので，このような名前がついている．

定理 9.1

a, b を互いに素な 2 以上の整数とし，$ax + by = 1$ の整数解の 1 つを (x, y) とする．このとき，a で割ると r 余り，b で割ると s 余る最小の正整数は，$axs + byr$ を ab で割った余り R で与えられる．

［証明］ $ax + by = 1$ より $by \equiv 1 \mod a$，$ax \equiv 1 \mod b$ であるので，

$axs + byr \equiv byr \equiv r \mod a$,　$axs + byr \equiv axs \equiv s \mod b$ であるから $axs + byr$ を ab で割った余り R は，a で割ると r 余り，b で割ると s 余る．

また，R よりも小さな正整数 R' で条件を満たすものがあったとすると，$R - R'$ は a, b 両方の倍数，すなわち ab の倍数となるが，$0 < R - R' < ab$ なので矛盾であるから，そのような R' はない．■

この定理を用いて問題に答えよう．まず，ユークリッドの互除法を用いて $25x + 23y = 1$ の整数解の 1 つを求める．

a	b	q	r	x	y
25	23	1	2	−11	12
23	2	11	1	1	−11
2	1	2	0	0	1

$(x, y) = (-11, 12)$ が 1 つの解だから，

$$25 \times (-11) \times 4 + 23 \times 12 \times 7 = 832 \equiv 257 \mod (25 \times 23)$$

より，答は 257 本．

例題 9.3　鉛筆を 13 人で分けると 7 本余り，15 人で分けると 4 本余る．鉛筆は何本あるか．できるだけ少ない本数で答えよ．

[解答]　$13x + 15y = 1$ の整数解の一つをユークリッドの互除法で求めると，$(x, y) = (7, -6)$．$13 \times 7 \times 4 + 15 \times (-6) \times 7 = -266 \equiv 124 \mod 13 \times 15$ なので，答え 124 本．■

問題 9.5　鉛筆を 7 人で分けると 5 本余り，9 人で分けると 4 本余る．鉛筆は何本あるか．できるだけ少ない本数で答えよ．

フェルマの小定理と暗号と

10.1　フェルマの小定理

ピエール・ド・フェルマという名前は，300 年ほど未解決であったフェルマの最終定理として有名であるが，ここではもっと簡単なフェルマの小定理を紹介する．

その前に，簡単なことを確認しておく．

> a が n と互いに素で，$ab \equiv ac \mod n$ であるとき，$b \equiv c \mod n$ である．

$ab \equiv ac \mod n$ は $ab - ac = a(b - c)$ が n の倍数であることを意味しているが，a と n とに共通因数がないので，$b - c$ が n の倍数であることになり，$b \equiv c \mod n$ となる．

> **定理 10.1　フェルマの小定理**
>
> p を素数，a を p と互いに素な整数とするとき，$a^{p-1} \equiv 1 \mod p$ である．

［証明］　$\{1, 2, \ldots, p-1\}$ は，p と互いに素で，p を法としてどの 2 つも合同ではない．これらに a をかけた $\{a, 2a, \ldots, (p-1)a\}$ も，p と互いに素で，p を法としてどの 2 つも合同ではないので，これらを p で割った余りは，順番は異なるが，集合として $\{1, 2, \ldots, p-1\}$ に一致する．したがって，

$$a \times 2a \times \cdots (p-1)a = 1 \times 2 \times \cdots (p-1)a^{p-1} \equiv 1 \times 2 \times \cdots (p-1) \mod p$$

これより，$a^{p-1} \equiv 1 \mod p$ を得る．　■

この証明の要点を $p = 7, a = 3$ の場合で言うと次のようになる．

$\{1, 2, 3, 4, 5, 6\}$ を 3 倍すると $\{3, 6, 9, 12, 15, 18\}$ となるが，それらを 7 で割った余りは $\{3, 6, 2, 5, 1, 4\}$ となり，これらは集合としては最初の $\{1, 2, 3, 4, 5, 6\}$ と同じ．だから，$\{1, 2, 3, 4, 6\}$ の積と $\{3, 6, 9, 12, 15, 18\}$ の積とは 7 を法として 合同であるので，3 を 6 回掛けることは何も掛けないことと同じ，すなわち $3^6 \equiv 1 \mod 7$ である．

実際，$3^6 = 729 \equiv 1 \mod 7$ である．

これを使うと，べき乗の値を素数で割ったときの余りが簡単に計算できる．

例題 10.1　7^{26} を 13 で割った余りを求めよ．

［解答］　定理より，$7^{12} \equiv 1 \mod 13$ であるから，$7^{26} = 7^{12\times2+2} = (7^{12})^2 \times 7^? \equiv 1^4 \times 49 \equiv 10 \mod 13$ なので，余りは 10．

問題 10.1　5^{50} を 17 で割った余りを求めよ．

● 中身を盗まれないように鍵をかけて送る方法

プロローグで紹介したクイズ問題である．

> 輸送途中で中身を盗まれないように荷物に南京錠をかけて，A から B へ送りたい．A も B も南京錠は持っているが，自分の南京錠の鍵しか持っていない．どのようにすればよいか．

この問題は，次のように荷物を一往復半させることで解決する．

1. A は自分の南京錠をかけて B へ送る．
2. B は自分の南京錠をかけて A へ送り返す．
3. A は自分の南京錠を外して B へ再送する．
4. B は自分の南京錠を外して中身を取り出す．

ここで，B の南京錠がかかっていても A の南京錠が外せるようにしておく，ということが重要である．

時間はかかるが，これが最も簡単な解決法だ．これだけだと単なるクイズ問題だが，この答とフェルマーの小定理とを使って安全な通信方法を構築しよう．

A は大切なデータ D を B に送りたいとする．通信途中で誰かに見られる可能性があるので，鍵をかけて送りたい．すなわち，暗号化して送るということである．でも，暗号化されたデータを元に戻す（復号化）ための鍵は A しか知らない．クイズ問題と同じ状況である．

まずは次の準備をする．A は D よりも大きな素数 p を用意してそれを B へ送る．これは見られても良いので暗号化する必要はない．A, B は各々，$p-1$ と互いに素な整数 a, b をランダムに 1 つ選び，さらに $p-1$ を法とした a, b の逆数 a^{-1}, b^{-1} を計算する．a, a^{-1} そして b, b^{-1} は A そして B だけが知っている暗号化，復号化の鍵になる．

そして，次のようにやり取りする．

1. A は D^a を p で割った余り E を B へ送る．
2. B は E^b を p で割った余り F を A に送る．
3. A は $F^{a^{-1}}$ を p で割った余り G を B へ送る．
4. B は $G^{b^{-1}}$ を p で割った余り H を求める．

$H \equiv (((D^a)^b)^{a^{-1}})^{b^{-1}} = D^{aba^{-1}b^{-1}} \mod p$ であるが，$aba^{-1}b^{-1} \equiv 1 \mod p-1$ なので $aba^{-1}b^{-1} = m(p-1)+1$ と書け，フェルマの小定理より $D^{p-1} \equiv 1 \mod p$ であるから $H \equiv D^{aba^{-1}b^{-1}} = D^{m(p-1)+1} \equiv D \mod p$ となり，B はデータ D を受け取ることができる．

A の後に B の鍵をかけた状態で，先にかけた A の鍵だけを外すことができる理由は，$(D^a)^b = (D^b)^a$ という，べキ乗の交換法則が成り立つからである．

10.2 法が合成数の場合

フェルマの小定理は法が素数の場合であったが，これを合成数の場合にも拡張しよう．その前に，次の関数を定義しておく．

定義 10.1

1 から n までの整数の中で，n と互いに素であるものの個数を $\varphi(n)$ と書き，この φ をオイラーのファイ関数と呼ぶ．

たとえば，$n = 10$ とすると，$1,2,3,4,5,6,7,8,9,10$ の中で 10 と互いに素なのは $1,3,7,9$ の 4 個なので，$\varphi(10) = 4$ である．

定理 10.2

n を 2 以上の整数，a を n と互いに素である整数とするとき，$a^{\varphi(n)} \equiv 1 \mod n$ である．

[証明]　$1,2,\ldots,n$ の中で n と互いに素であるものを，$\{b_1, b_2, \ldots, b_{\varphi(n)}\}$ と

する．これらに a をかけた $\{ab_1, ab_2, \ldots, ab_{\varphi(n)}\}$ は，n と互いに素で，n を法としてどの 2 つも合同ではないので，これらを p で割った余りは，順番は異なるが，集合として $\{b_1, b_2, \ldots, b_{\varphi(n)}\}$ に一致する．したがって，

$$ab_1 \times ab_2 \times \cdots ab_{\varphi(n)} = a^{\varphi(n)} \times b_1 \times b_2 \times \cdots b_{\varphi(n)} \equiv b_1 \times b_2 \times \cdots b_{\varphi(n)} \mod n$$

これより，$a^{\varphi(n)} \equiv 1 \mod n$ を得る． ▮

● オイラーのファイ関数の計算法

$\varphi(n)$ の値を求めるために，1 から $n-1$ までの全ての整数をチェックするのは大変である．$\varphi(n)$ の値は，次の定理から計算ができる．

定理 10.3

(1) p を素数，e を正整数とするとき，$\varphi(p^e) = p^{e-1}(p-1)$

(2) a, b を互いに素な 2 以上の整数とするとき，$\varphi(ab) = \varphi(a)\varphi(b)$

証明の前に，次のことを確認しておく．

> a, b が互いに素な正整数であるとき，
>
> $$x \equiv y \mod a \text{ かつ } x \equiv y \mod b \quad \Leftrightarrow \quad x \equiv y \mod ab$$

もしも，$x \equiv y \mod a$ かつ $x \equiv y \mod b$ とすると，$x-y$ は a と b の公倍数であるので，a,b が互いに素であるから ab の倍数となり，$x \equiv y \mod ab$ となる．逆に，$x \equiv y \mod ab$ であれば，$x \equiv y \mod a$ かつ $x \equiv y \mod b$ となる．

［証明］ (1): $1, 2, \ldots p^e$ の中で p と互いに素でないものは p の倍数の p^{e-1} 個．したがって，$\varphi(p^e) = p^e - p^{e-1} = p^{e-1}(p-1)$ である．

(2): a, b が互いに素であるから，上で確認したとおり ab で割った余りは a で割った余りと b で割った余りとで決まる．また，ab と互いに素であるのは，a で割った余りが a と互いに素であり，b で割った余りも b と互いに素であるときである．したがって，$1, 2, \ldots, ab$ の中で ab と互いに素であるものは $\varphi(a)\varphi(b)$ 個ある． ▮

‖ 例題 10.2

(1) $\varphi(360)$ を求めよ．

(2) 7^{99} を 360 で割った余りを求めよ．

［解答］

(1) $\varphi(360) = \varphi(2^3 3^2 5) = \varphi(2^3) \times \varphi(3^2) \times \varphi(5) = 2^2(2-1) \times 3^1(3-1) \times (5-1) = 4 \times 6 \times 4 = 96$

(2) (2) $7^{\varphi(360)} = 7^{96} \equiv 1 \mod 360$ より，$7^{99} = 7^{96}7^3 \equiv 7^3 = 343 \mod 360$ であるので，余りは 343.

∎

問題 10.2

(1) $\varphi(350)$ を求めよ．

(2) 3^{123} を 350 で割った余りを求めよ．

10.3 RSA 暗号

公開鍵暗号の 1 つである，RSA 暗号を解説しよう．

一般に暗号のシステムは，暗号化されていない文章（平文）を数値で表し A として，暗号化の関数 f と暗号化のための鍵 h とを用いて A を暗号化した $B = f(h, A)$ を暗号文とし，復号化の関数 g と復号化のための鍵 k とを用いて，暗号文 B を $A = g(k, B)$ と復号化する．

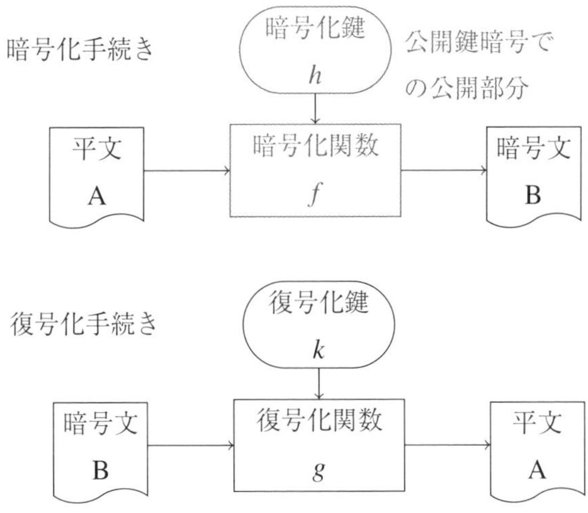

公開鍵暗号とは，暗号化の手続きおよびその鍵を公開して，誰でも暗号化を行えるようにした暗号のことである．これは，例えば自国のスパイからの通信に使うと便利である．スパイからの通信はもちろん暗号化されるが，その際に多数のスパイごとに異なる暗号を使っていては管理が大変であるので，統一したい．しかし，スパイの中には敵国の二重スパイがいるかも知れないので，スパイが送信した暗号を他のスパイが読めないようにしたい．そこで，公開鍵暗号を使えば，1 つの暗号で，多数のスパイからの

暗号を安全に受信することができる．

公開鍵暗号が暗号として機能するためには，公開された情報を元に復号化に必要な鍵を求めることが現実的に困難である，という条件が必要となる．RSA 暗号は，素因数分解の困難さをその条件に用いている暗号である．

● RSA 暗号の仕組み

RSA 暗号の鍵および暗号化復号化のシステムは次のような仕組みになっている．

まず，暗号の所有者は，200 桁ほどの巨大な 2 つの素数 p, q を用意し，$n = pq, m = (p-1)(q-1)$ とおき，m と互いに素な m 以下の正整数 h を 1 つ選び，$hk \equiv 1 \mod m$ である正整数 k を求める．以上のことは，パソコンレベルの計算機とユークリッドの互除法とを用いれば短時間に実行可能である．

暗号化の関数は，

$$f(n, h, A) = A^h \text{を } n \text{ で割った余り}$$

である．そして，f と n と h とを暗号化の鍵として公開（公開鍵）する．復号化の関数は，f と同じであり，その鍵（秘密鍵）は k である．すなわち，

$$f(n, k, B) = B^k \text{を } n \text{ で割った余り}$$

が復号化の関数である．ただし，平文を表す数 A は $A < n$ とする．これらの関数も，パソコンでもすべて 1 秒未満で計算できる．

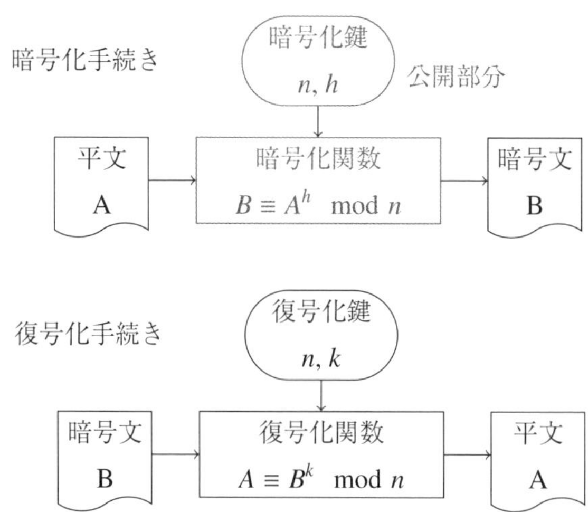

この復号化で暗号文 B がちゃんと元の平文 A に戻ることを確かめておこう．暗号文 B は $B \equiv A^h \mod n$ である．また，$hk \equiv 1 \mod m$ であるので，$hk = m\ell + 1$ とかける．ここで，$n = pq, m = (p-1)(q-1) = \varphi(pq)$ であ

ることに注意すると，A が n と互いに素であるときには，$A^m \equiv 1 \mod n$ であるので $B^k = (A^h)^k = A^{hk} = A^{m\ell+1} \equiv A \mod n$ となり，$f(n,k,B) = A$ と元に戻ることがわかる．A が n と互いに素でないときには，A は p または q の倍数なので，p の倍数とする．$A^{hk} \equiv 0 \equiv A \mod p$．また，$A < pq$ なので A は q と互いに素だから，$hk \equiv \quad \mod (p-1)(q-1)$ より $hk \equiv \quad \mod (q-1)$ より $A^{hk} \equiv A \mod q$. したがって，$A^{hk} \equiv A \mod pq$ となる．

実感がわくように，実際の数値がどのようになるかを例で見せよう．200 桁の素数を使うと紙面が数で埋まってしまうので，50 桁にしておく．

$$
\begin{aligned}
p &= 32730439870574749254814190585916563641660165072427 \\
q &= 82652412322276573556930084003514835347289495659031 \\
n &= 27052498116722248647055558205207046472848026434785 \\
&\quad\ 94662390056174445238135445042497491751502211638237 \\
m &= 27052498116722248647055558205207046472848026434784 \\
&\quad\ 79279537863323122426391170453066092762552550906780 \\
h &= 1234567891234567 \\
k &= 98114445871505271255507157447846020338200789445367 \\
&\quad\ 33955170319369817511622932285372535463647351977743 \\
A &= 11111111111111111111111111 \\
B &= 96402175014521121990521039282106678187256573710641 \\
&\quad\ 89817343925851469214729280442367732929360589504 23
\end{aligned}
$$

実際にはこれらの 4 倍ほどの桁数がある数値が用いられる．RSA 暗号が公開鍵暗号として機能するためには，公開している n, h から秘密鍵の k を求めることが実際的に不可能でなければならない．$k \equiv h^{-1} \mod m$ であるから，k を求めるためには $m = (p-1)(q-1)$ の値が必要となるが，それにはまず n を $p \times q$ と素因数分解する必要がある．そして，200 桁ほどの素数が 2 つ掛けられた $n = pq$ という 400 桁ほどの合成数を素因数分解するためには，現在の計算機と知られている素因数分解アルゴリズムとを用いては数万年かかる．このことが，RSA 暗号の安全性を保証している．しかし，量子コンピュータ，あるいはまだ知られていない超高速アルゴリズムなどが作られると，RSA 暗号は安全な暗号とは言えなくなる．

● 電子署名

例えば，山本さんからメールを受け取ったとしよう．そのメールが確かに山本さんからのメールであり誰も書き換えたりはしていない，ということに自分も，第三者も確証が持てるためにはどうしたらよいだろうか．手書きの手紙の時代ならペンによる署名が有効だったが，デジタルの時代では，すべての情報は0と1との列に過ぎず，それを書き換えることも差出人を偽ることも容易なことである．

電子署名とは，デジタル情報にその発信元の署名をつけて，発信者および内容に改変がないことの確証を与えることである．

- 誰にでも確証を与えることができる
- 他の人はそれをコピーしても使えないが，発信者本人は何度でも使用できる

このような都合の良いものはありそうにないが，RSA暗号を使うと，それが実現できる．

山本さんが電子署名を使うためには，山本さんのRSA暗号を作っておき，山本さんだけがその秘密鍵 k を持って，公開鍵 n , h を広く公開しておく．山本さんがメールに署名を付けたいときには，そのメール全体 A を秘密鍵 k で $B \equiv A^k \mod n$ と暗号化して送信するのである．そのメールの内容 B は，誰でも知っている山本さんの公開鍵 n, h を使うと，$A \equiv B^h \mod n$ とすることで，元の平文に戻すことができる．山本さんの公開鍵で復号化して読めるような内容のある暗号を作れるのは，山本さんの秘密鍵を知っている人，すなわち山本さんだけであり，その内容を山本さん以外誰も改変できないことも確かである．

これが可能なのは，暗号化の関数と復号化の関数とが同じであり，しかも，$(A^h)^k = (A^k)^h$ であるので，h, k のどちらの鍵も，暗号化，復号化の両方に使えるからである．

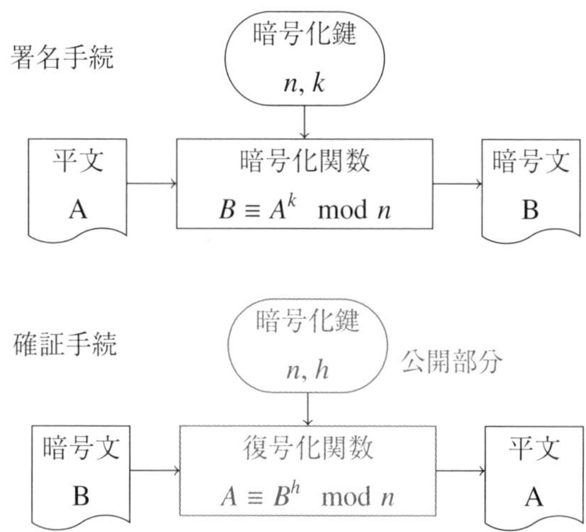

NIM 和と三ッ山崩し

11.1　NIM 和

● 2 進法

10 進法では 0 から 9 までの 10 個の数字を用いて表し，1 の位，10 の位，100 の位，…，10^n の位，…と位が 10 倍になっていく．例えば 357 は $3 \times 100 + 5 \times 10 + 7 \times 1$ という意味だ．

100	10	10
3	5	7

それと同様に，2 進法では 0, 1 の 2 個の数字を用いて表し，1 の位，2 の位，4 の位，2^n の位，…と位が 2 倍になっていく．例えば 1101 は $1 \times 8 + 1 \times 4 + 0 \times 2 + 1 \times 1 = 13$ という意味だ．

8	4	2	1
1	1	0	1

数字が何進法で表されているか分かりにくいときは，$357_{(10)}$，$1101_{(2)}$ のように，進法を右下に小さく付けて表す．

2 進法で足し算をするときは，$1_{(2)} + 1_{(2)} = 2_{(10)} = 10_{(2)}$ であるので，頻繁に繰り上がりが起こる．

> **問題 11.1**
>
> (1)　$19_{(10)}$ を 2 進法で表せ
>
> (2)　$10101_{(2)}$ を 10 進法で表せ
>
> (3)　$10111_{(2)} + 1110_{(2)}$ の結果を 2 進法で表せ

● NIM 和

2 つの自然数 a, b を 2 進法で表して，繰り上がりをしないで加えた結果を NIM 和[*1] と呼び，$a \oplus b$ と書く．繰り上がり無しなので各桁で単に $1 + 1 = 0$ とすれば良く，計算は楽である．例えば，

$$12_{(10)} \oplus 9_{(10)} = 1100_{(2)} \oplus 1001_{(2)} = 0101_{(2)} = 5_{(10)}$$

となる．

*1　2 進法で表したときのビットごとの排他的論理和，略して排他的 2 進和ともいう．

3 個以上の自然数の NIM 和は，2 進法での各桁について，1 が偶数個あったら 0，奇数個あったら 1 となる．例えば，$1 \oplus 1 \oplus 0 \oplus 1 \oplus 0$ は，1 が奇数個あるので，1 となる．

	8	4	2	1
12	1	1	0	0
⊕ 9	1	0	0	1
5	0	1	0	1

	8	4	2	1
14	1	1	1	0
10	1	0	1	0
⊕ 9	1	0	0	1
13	1	1	0	1

次は，NIM 和がもつ性質であるが，3 が最も重要なものである．同じ数の NIM 和は 0 になり，異なる数の NIM 和は 0 にはならない．

1. $(a \oplus b) \oplus c = a \oplus (b \oplus c)$ （結合法則）
2. $a \oplus b = b \oplus a$ （交換法則）
3. $a \oplus b = 0 \iff a = b$

問題 11.2

(2) $10111_{(2)} \oplus 1110_{(2)}$ の結果を 2 進法で表せ

(2) $24_{(10)} \oplus 19_{(10)}$ の結果を 10 進法で表せ

(2) $10110_{(2)} \oplus 10010_{(2)} \oplus 11010_{(2)}$ の結果を 2 進法で表せ

(2) $13_{(10)} \oplus 10_{(10)} \oplus 7_{(10)}$ の結果を 10 進法で表せ

11.2 NIM ゲーム

NIM という名前の，日本では三ッ山崩しとも呼ばれているゲームを紹介しよう．ルールは次の通りである．

> 碁石の山が 3 つある．いずれか 1 つの山から 1 個以上何個でも取り去ることができる．交互に手を打って，最後に取った人の勝ち．パスはできない．

言い換えると，自分の番になったときに取り去る石がなかったら負けである．

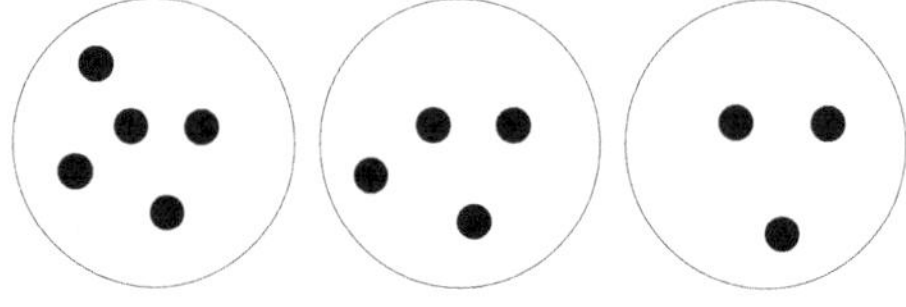

● 勝ち方の考察

しばらく遊んでみると，どのような形（局面）を残せば勝てるか負けるかが分かってくる．残したら勝てる局面を後手勝ちの局面，残したら負ける局面を先手勝ちの局面という．その局面で先に手を打つ人を先手，後に手を打つ人を後手というからだ．以後，碁石が a 個，b 個，c 個の状態を (a, b, c) と表すことにする．

例えば，$(a, 0, 0)$（ただし $a > 0$）は先手勝ちの局面である．

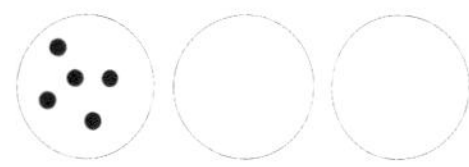
$(a, 0, 0)$ は先手勝ち

では，$(a, a, 0)$ はどうであろうか．少し考えると，これを残したら，後は相手の真似をすることで勝てることが分かる．$(a, a, 0)$ から相手がどちらかの a の山を減らして b にして $(a, b, 0)$ にすれば，自分も真似をして $(b, b, 0)$ にしてやれば良いのだ．これを繰り返すと自分は常に $(a, a, 0)$ の形を残せる．相手が石を取れるということは，自分も真似をして石を取れるということなので，負けるのは相手である．この戦法を真似戦法と呼ぶ．

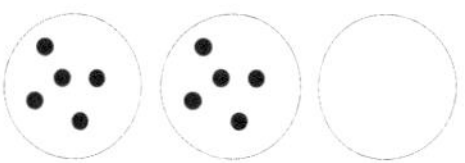
$(a, a, 0)$ は後手勝ち

(a, a, b)（ただし $b > 0$）はどうだろう．先手は b の山を全部取って $(a, a, 0)$ として勝ってしまうので，先手勝ちだ．

(a, a, b) は先手勝ち

$(a, b, 0)$（ただし $a > b$）の場合，先手が a の山を b に減らして $(b, b, 0)$ として勝ってしまうので，先手勝ちだ．

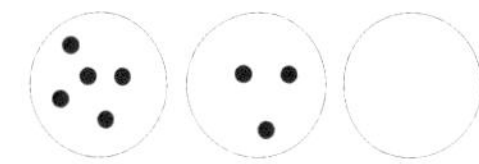
$(a, b, 0)$ は先手勝ち

$(1, 2, 3)$ はどうだろう．これは今までのパターンにはないが，後手勝ちの局面である．

● 次局面と，先手勝ちおよび後手勝ちとの関係

与えられた局面が後手勝ちであるか先手勝ちであるかを簡単に判断するには，どうしたら良いだろうか．そのために，後手勝ちの局面および先手勝ちの局面というものは，どのような局面かを再考察してみる．

その局面から 1 手で移れる局面を，その局面の**次局面**という．後手勝ちの局面からは先手はどのようにしても勝てないので，その次局面には後手勝ちの局面はない．また，先手勝ちの局面からは先手がうまい手を打てば勝てるので，その次局面に後手勝ちの局面がある．まとめると，次のようになる．

- 後手勝ちの局面とは，後手勝ちの次局面がない局面
- 先手勝ちの局面とは，後手勝ちの次局面がある局面

● 必勝法

NIM ゲームの必勝法は，次の定理で分かる．

定理 11.1

局面 (a, b, c) が後手勝ちの局面 $\Leftrightarrow a \oplus b \oplus c = 0$

［証明］　次局面に関する帰納法で証明する．(a, b, c) の次局面については定理が成り立つと仮定して，(a, b, c) についても成り立つことを示す．

[⇒ の証明]　「$a \oplus b \oplus c \neq 0 \Rightarrow (a, b, c)$ が先手勝ちの局面」を示す．

$a \oplus b \oplus c = d$ とおく．d を 2 進法で表したときの最高桁を k 桁目とする．すると，a, b, c の k 桁目には，1 であるものが少なくとも 1 つある．簡単のために，a の k 桁目が 1 であるとする．d の k 桁目より上はすべて 0 であり，k 桁目は a も d も 1 なので，$a \oplus d = a'$ とおくと，その 2 進法表示は k 桁目より上は a と同じで，k 桁目は 0 である．よって，$a > a'$ となる．

	a	0	1	1	0	1	1
	b	1	0	0	1	1	1
$\oplus$	c	1	1	0	0	0	1
	d	0	0	1	1	0	1

	a	0	1	1	0	1	1
$\oplus$	d	0	0	1	1	0	0
	a'	0	1	0	1	1	1

そこで，a の山を減らして a' にすることができるので，(a', b, c) は (a, b, c) の次局面である．$a' \oplus b \oplus c = (a \oplus d) \oplus b \oplus c = d \oplus d = 0$ となるので，帰納法の仮定により (a', b, c) は後手勝ちの局面．よって，後手勝ちの次局面があるので (a, b, c) は先手勝ちの局面である．

[⇐ の証明]　$a \oplus b \oplus c = 0$ とする．すると，$a \oplus (b \oplus c) = 0$ であるから $a = b \oplus c$ である．(a, b, c) の次局面は，a, b, c のいずれか 1 つを減らした局面であるから，簡単のために (a', b, c) $(a' < a)$ とする．$a' \oplus b \oplus c = a' \oplus (b \oplus c) = a' \oplus a$ であるが $a' \neq a$ より，これは 0 ではない．よって，帰納法の仮定より (a', b, c) は後手勝ちの局面ではない．したがって，後手勝ちの次局面がないので，(a, b, c) は後手勝ちの局面である．∎

証明の [⇒] の部分を見れば，先手勝ちの局面であったときに取るべき手も分かる．例えば，$(5, 4, 3)$ の局面で考えよう．$5 \oplus 4 \oplus 3 = 101_{(2)} \oplus 100_{(2)} \oplus 011_{(2)} = 010_{(2)} = 2$ なので 0 ではないから，これは先手勝ちの局面であり，先手は 3 個の山を $3 \oplus 2 = 011_{(2)} \oplus 010_{(2)} = 001_{(2)} = 1$ 個にすればよい．

また，$(7, 6, 3)$ の場合であれば，$7 \oplus 6 \oplus 3 = 111_{(2)} \oplus 110_{(2)} \oplus 011_{(2)} = 010_{(2)} = 2$ なので，先手は 7, 6, 3 どの山からでも取ることができ，例えば 7 の山からとることにすれば，$7 \oplus 2 = 111_{(2)} \oplus 010_{(2)} = 101_{(2)} = 5$ 個にすればよい．

> **問題 11.3**　碁石の個数が 12 個，9 個，6 個のとき，先手はどの山を何個にすればよいか．

11.3　真似戦法

● 真似戦法の原理から必勝法の原理へ

先に出てきた，真似戦法についてもう少し解説する．真似戦法は，三ッ山崩しでの $(a, a, 0)$ のように，2 つ同じ物があるだけのときに，相手が 1 つの物に取った行動と同じ行動をもう 1 つの方に取る，という戦法である．言い換えると，同じ物が 2 つあるだけというバランスの取れた状態にあるとき，相手が何か手を打つとバランスが崩れるので，自分はそのバランスを取り戻すように手を打つ，という戦法である．このときに大事な条件は，

- バランスの取れた状態に手を打つと，必ずバランスが崩れる
- バランスの崩れた状態からは，バランスを取り戻す手がある

ということである．次局面という言葉を使うと

- バランスの取れた局面には，バランスの取れた次局面はない
- バランスの崩れた局面には，バランスの取れた次局面がある

となるが，これは，「バランスの取れた」を「後手勝ちの」に換えれば後手勝ちの条件と全く同じである．

したがって，どんなゲームでも，その必勝法を見つけるには，上の条件を満たすような何かの「バランス」を測るものを作ればよい，ということになる．NIM ゲームの場合は，$a \oplus b \oplus c$ の値がそれであったということである．

● 真似戦法の実践

酒場で，こずるい男と少し間抜けな男とが金貨を賭けたゲームをしていた．長方形のテーブルの上に，二人で交互に自分の金貨を置いていき，自分の番のときに置き場所がなかったら負けで，すべての金貨を相手に取られるゲームだ．ただし，金貨はすべて同じ大きさであり，また，置くときに金貨が重なってはいけない．

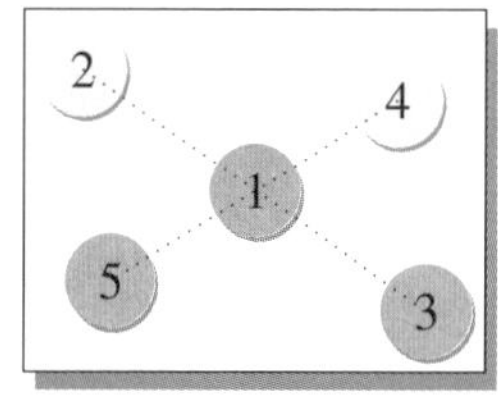

これは先手必勝のゲームである．先手は，最初にテーブルの真ん中に金貨を置く．その後は，テーブルの中心に関して，相手が金貨を置いた場所と点対称な位置に金貨を置けば良い．自分が置いた後は，綺麗な点対称の形となっているので，相手が金貨を置けるならば自分もその反対側に置ける，ということになり，自分は絶対に負けない．これは，真似戦法の典型的な応用である．

この話には落ちがある．

こずるい男は先に金貨を置いて，真似戦法でまんまと相手の金貨を全部巻き上げた．しかし，少し間抜けとはいえ，もう一人の男も相手の行動を見ていたので勝ち方が分かった．そこで，「明日の夜，もう一度ゲームをしよう．明日は俺が先に置く」と言って帰って行った．

次の夜，男が金貨を持って酒場のテーブルにやってくると，テーブルの真ん中に丸い花瓶が置いてあった．これは，先手を選んだ少し間抜けな男にとっては残念なことに，後手必勝の状態である．

11.4　21 と言ったら負け

子供頃に遊んだゲームに一つに「21 と言ったら負け」というのがある．

> 2人で交互に，1から始めて1つか2つか3つか数を進めて行き，21を言わされた方が負け．

A: 1, 2
B: 3, 4, 5
A: 6
B: 7, 8, 9
A: 10, 11 12
B: 13, 14
A: 15, 16, 17
B: 18, 19, 20
A: 21 負け

要するに，20を言ったら勝ちである．ということは，16を言ったら，相手が言うのは17か18か19かで終わり，いずれにしても自分は20まで言うことができるので，勝ちである．16を言ったら勝ちということは，同じように考えて，12を言ったら勝ちとなる．そして，8を言ったら勝ち，4を言ったら勝ちとなる．

このゲームでのバランスのとれた状態，すなわち後手必勝の状態は，「20までの残りが4の倍数」という状態である．バランスのとれた状態に手をうつと，残りは4の倍数ではない，すなわちバランスの崩れた状態になる．そして，バランスの崩れた状態からは，4で割った余りの分だけ数えて，残りを4の倍数，すなわちバランスのとれた状態にすることができる．

20は4の倍数なので，始まりの状態はバランスのとれた，後手必勝の状態である．後手は，相手が言った個数と合わせて4となるように，数を数えて行けば勝てる．

ルールを変えて，「22を言ったら負け」とすると，21を言ったら勝ちなので，「21までの残りが4の倍数」が後手必勝の状態である．先手は最初に1と言えば，残りは4の倍数なので，あとは相手が言った個数と合わせて4となるように，数を数えて行けば勝てる．

> 問題 **11.4**　ルールを「1から始めて，1つか2つか3つか4つ数を進めていき，29を言わされたら負け」としたとき，先手は最初に何個数えれば勝てるか．

12 ハミング符号

12.1 ハミング符号

● エラー検知とエラー訂正と

携帯電話，スマートフォンが使っている電波には，電子レンジの周波数に近いものがある．だから，電子レンジを使っているときは通信エラーになってもよさそうなものだが，それで文字化けを起こしたという話は聞いたことがない．デジタル通信で送られたデータには，エラーを自動で訂正する機能を付けているからである．データ自身が自分のエラーを訂正するのである．その方法の 1 つ，ハミング符号を紹介する．

通信途中で 1 ビット程度のエラーが起こることを想定しよう．例えば，1101 というデータを送ると，1 ビットが変化して 1001 のようになる可能性があるということだ．このとき，相手にデータを確実に送るためには，同じデータを複数回送るという方法がある．

1101 1101 と，同じ物を 2 回送れば，エラーが起こって 1101 1001 というデータになったとしたら，受け取った方は，エラーが起こったことが分かるので，エラー検知ができる．しかし，食い違っている 0 と 1 とのどちらが正しいのかは分からないので，訂正はできない．

1101 1101 1101 と，同じ物を 3 回送れば， 1101 1001 1101 のように 1 ビットのエラーが起こったデータを受信しても，他の 2 つのデータと比較して多数決の原理で正しいデータに訂正できる．

しかし，この方法では通信量が 3 倍になってしまい効率が悪い．そこで，次のようなハミング符号を用いれば，4 ビットに 3 ビットを加えて 7 ビットにするだけで，そのうちの 1 ビットにエラーが起こっても自分で訂正ができるデータになる．

● ハミング符号

まず，送りたいデータ 1101 を，ハミング符号の第 7, 6, 5, 3 ビットに入れる．これらのビットは，情報ビットと呼ばれる．

Richard Hamming

ビット番号	7	6	5	4	3	2	1
データ	1	1	0		1		

次に，1 が入っている情報ビットの番号の NIM 和を計算して，その結果を空いている第 4, 2, 1 ビットに入れる．これらのビットは，冗長ビットと呼ばれる．例の場合は，$7 \oplus 6 \oplus 3 = 111_{(2)} \oplus 110_{(2)} \oplus 011_{(2)} = 010_{(2)}$ だから，次のようになる．

ビット番号	7	6	5	4	3	2	1
データ	1	1	0	0	1	1	0

冗長ビットのビット番号 4, 2, 1 は，2 進法の各桁が表す数であるから，1 である情報ビットの番号の NIM 和の結果を a とすると，1 である冗長ビットの番号の NIM 和の結果は a と同じになる．したがって，ハミング符号の 1 であるビットの番号の NIM 和は常に $a \oplus a = 0$ である．NIM 和の結果が 0 という，バランスのとれた形にしてからデータを送る，というのがハミング符号の要点である．

問題 **12.1**　次のハミング符号の冗長ビットに値を入れてハミング符号を完成せよ．

ビット番号	7	6	5	4	3	2	1
データ	1	1	1		0		

● ハミング符号に **1** ビットのエラーが起こった場合

NIM 和が 0 というバランスが取れているハミング符号の状態から，どこか一つのビット，例えば k 番目のビットが変わったとする．すると，そのビットが 0 から 1 になったにせよ，1 から 0 になったにせよ，1 であるビットの番号の NIM 和は，$0 \oplus k = k$，すなわちエラーの起こったビット番号になる．

実際に，1100110 の第 6 ビットにエラーが起こり，1000110 となったとしたら，1 であるビットの番号の NIM 和は，$7 \oplus 3 \oplus 2 = 6$ となる．

問題 **12.2**　エラーが高々 1 ビットしか起こらないとしたとき，次のハミング符号にエラーがあれば，それを訂正せよ．

ビット番号	7	6	5	4	3	2	1
データ	1	0	1	1	0	1	1

● ハミング符号に 2 ビット以上のエラーが起こった場合

ハミング符号の第 j ビットと第 k ビットの 2 つにエラーが起こったとすると，1 であるビットの番号の NIM 和は $0 \oplus j \oplus k = j \oplus k$ となるが，$j \neq k$ なので，これは 0 にはならない．したがって，エラーが起こったことは検知できるがエラー訂正はできない

3 ビット以上のエラーが起こったときには，例えば，第 1, 2, 3 ビットのようにビットの番号の NIM 和が 0 になることがあるので，残念ながらエラー検知さえできない．

● n 次のハミング符号

以上で解説したのは，3 次のハミング符号である．

一般に n 次のハミング符号は，全部で $2^n - 1$ ビットの符号であり，そのうちの $2^n - 1 - n$ ビットが情報ビットで n ビットが冗長ビットである．その作り方は，次の通り．

1. ビット番号を $1, 2, \ldots, 2^n - 1$ としたとき，$1, 2, 4, \ldots, 2^k, \ldots, 2^{n-1}$ 番以外の $2^n - 1 - n$ 個のビットに，送りたい情報を入れる（情報ビット）．
2. 1 が入っている情報ビットのビット番号の NIM 和をとり，その結果を 2 進法で表したときの 2^k の桁をそのまま 2^k 番のビットに入れる（冗長ビット）．

3 次のハミング符号では，4 ビットの情報に対して 3 ビットの冗長ビットを付けたが，4 次では，11 ビットの情報に対して 4 ビットの冗長ビットでよく，効率が良い．さらに次数を上げればさらに効率が良くなるが，1 つのハミング符号内には 1 ビットのエラーしか許さないことを考えると，次数を上げすぎてエラーが 2 回以上起きる可能性を高めないように，通信経路の信頼性によって次数を適切に選択すべきである．

問題 12.3

次の 4 次ハミング符号の冗長ビットに値を入れてハミング符号を完成せよ．

ビット番号	15	14	13	12	11	10	9	8	7	6	5	4	3	2	1
データ	0	1	0	0	1	1	0		0	0	1		0		

12.2　帽子の色当て

プロローグで紹介した「帽子の色を当てる 7 人のレジスタンス達」の解答を述べるときが来た．

- 全員に白か赤かの帽子がランダムに被せられる．
- 他の人の帽子は見ることができるが，自分のは見えない．
- 直後に，各人，別室に連れて行かれて自分の帽子の色について答えるかどうかの選択をする．
- 少なくとも 1 人が答える選択をして，答えた人が全員正解する．

この状況で，どのようにすれば課題をクリアできる確率を $\frac{1}{2}$ よりも上げられるか，が問題である．

他の人の帽子を見ても自分の帽子については何の情報にもならないので，答えた人が当たる確率は $\frac{1}{2}$ よりも上げられるわけがない．そう思う人は，レジスタンスが 3 人の場合，次の簡単な方法で成功する確率が $\frac{1}{2}$ よりも大きくなることを知れば，驚くはずだ．

●3 人の場合

レジスタンス 3 人は，帽子を被らされる前に「自分以外の 2 人の帽子が同色であればその色でない色を答えて，2 人の帽子の色が異なっていれば答えない」と約束しておく．すると，3 人の帽子がすべて同じ色でなければ，誰か 1 人だけが正解を答える．例えば，A，B が赤で，C が白なら，C が白と答える．ただし，3 人の帽子がすべて同じ色のときは，全員が間違いを答える．3 つの帽子が全部同じである確率は $\frac{1}{4}$ なので，$1-\frac{1}{4}=\frac{3}{4}$ の確率で課題をクリアできる．

●7 人の場合

7 人の場合は，次のように NIM 和を用いて，なんと成功の確率を $\frac{7}{8}$ に上げることができる．

まず，帽子を被らされる前に，7 人に 1 から 7 の番号を振っておく．そして，次のことを信じる．

信心　赤帽子の人の番号の NIM 和は，決して 0 にはならない

すると，信心が正しい場合，その NIM 和の番号の人が正しい答えをする．

例えば，帽子の色が次のようであったとする．

1	2	3	4	5	6	7
赤	白	白	白	赤	白	赤

このときは，赤帽子の人の番号の NIM 和は $1 \oplus 5 \oplus 7 = 001_{(2)} \oplus 101_{(2)} \oplus$

$111_{(2)} = 011_{(2)} = 3$ である．すると，3 番の人は次のように考える．

「見えている赤帽子は，1 番，5 番，7 番で，その NIM 和は 3．これは私の番号だ．もしも私が赤だったら，赤帽子の番号の NIM 和が $3 \oplus 3 = 0$ になってしまい信心に反するので，自分は白のはずである」

また，帽子の色が次のようであったとする．

1	2	3	4	5	6	7
赤	赤	白	白	白	赤	赤

このときは，赤帽子の人の番号の NIM 和は $1 \oplus 2 \oplus 6 \oplus 7 = 001_{(2)} \oplus 010_{(2)} \oplus 110_{(2)} \oplus 111_{(2)} = 010_{(2)} = 2$ である．すると，2 番の人は次のように考える．

「見えている赤帽子は，1 番，6 番，7 番で，その NIM 和は 0．このままでは信心に反するので，自分は赤のはずである」

すなわち，全員が「自分から見える赤帽子の番号の NIM 和が 0 のときは赤と答えて，NIM 和が自分の番号のときは白と答えて，そのどちらでもなければ答えない」という行動を取る．そうすると，信心が正しいときには 1 人だけが正しい答えを言う．しかし，信心が正しくなかったときは，7 人全員が間違った信心に基づいて行動をするので，全員が間違った答えをする．

1 番から 7 番の帽子の色がランダムに選択された場合，赤帽子の番号の NIM 和は，0 から 7 の値をそれぞれ $\frac{1}{8}$ の確率で取る．よって，それが 0 でなく信心が正しい確率は $\frac{7}{8}$ であるので，確率 $\frac{7}{8}$ で成功する．

問題 12.4　帽子の色が次のようであるとき，答えるのは何番の人か．

1	2	3	4	5	6	7
赤	白	白	赤	白	赤	赤

● 不思議だけど合理的

理屈は分かっても，多分，不思議な気持ちは残っていると思う．他人の帽子を見て，どうして自分の帽子の色を当てる確率が上がるのか？という疑問である．他人のレントゲン写真を見て，自分の病気を当ててるようなものだからだ．

実は，上の方法でも，答えた人が正しい答えを言う確率は $\frac{1}{2}$ なのである．それは，正解，不正解の人数の期待値を考えれば分かる．確率 $\frac{7}{8}$ で 1 人が正解をして，確率 $\frac{1}{8}$ で 7 人が不正解をするので，どちらも期待値は $\frac{7}{8}$ 人となる．ただ，正解するときは 1 人で，不正解のときは 7 人全員となるような仕組みを作っているだけである．

これは，ハミング符号の理屈を逆に応用したものと言える．ハミング符号では，NIM 和が 0 という特殊な状態にする，という方法であり，帽子当てでは，NIM 和は 0 でないという一般的な状態を仮定する，という方法である．

この問題の場合は 7 人であったが，ハミング符号と同様に，$2^n - 1$ 人でも同じ方法で成功する確率を上げることができる．その場合は，成功の確率は $\frac{2^n - 1}{2^n}$，失敗の確率は $\frac{1}{2^n}$ である．15 人なら，$\frac{15}{16}$ という高確率で成功が見込める．

● 看守がその方法を知っていたとき

上の方法では，赤帽子の人の番号の NIM 和が 0 であるとき失敗するのだが，帽子を被せる看守がその方法を知っていて，作為的に失敗をするような被せ方をするとしたら，どうすれば良いだろうか．

その場合でも，$\frac{7}{8}$ の確率で成功する方法がある．それは，看守に分からないように，0 から 7 までの数から無作為に 1 つを選び A として，赤帽子の NIM 和が A にはならないと全員で信じることである．看守は，A の値が分からない限り，失敗する確率を $\frac{1}{8}$ から上げることはできない．

● 他の人が答えようとしているかどうかが分かるとき

帽子の色を答えるかどうかを，別の部屋ではなくて全員が同じ部屋で聞かれているとする．すると，他の人が答えようとしているかどうかが分かるので，自分以外の人も答えようとした場合（それは全員が答えようとする場合）には，答えようとした色と反対の色を答えればよい．そうすると，100% の確率で成功する．

13 音律と数と

音楽と数学とは，とても密接な関係にある．弦を張った琴を奏でるとき，指で押さえて弦を短くすると，高い音になる．例えば，ドの音を出す弦の長さを半分にすると，1つ上のドの音になる．ソの音を出すには弦の長さを3分の2に，ファの音なら4分の3にすればよい．そのようにして，「音程とは数の比である」ということを初めてとらえたのは，ピタゴラスであったと言われている．

ピタゴラス（紀元前582-496年）は古代ギリシャの数学者である．ピタゴラス教団という秘密組織を作り，研究して知り得た知識を外部に漏らすことを厳しく禁じたため，ピタゴラス自身の著作物は一切伝わっていない．その内容が今に伝わるのは，教団壊滅後に離散した弟子からの伝聞や著作による．

ピタゴラスは，「宇宙の森羅万象には数が内在し，すべての事象は整数の比で表される」という思想を唱えた．特に大切な数は，点を表す1，線分を表す2，三角形（面）を表す3，四面体（空間）を表す4の4個であり，それらの和である$1+2+3+4=10$を完全な数として，10個の点を三角形の形に並べた「テトラクテュス」を教団の紋章としていた．

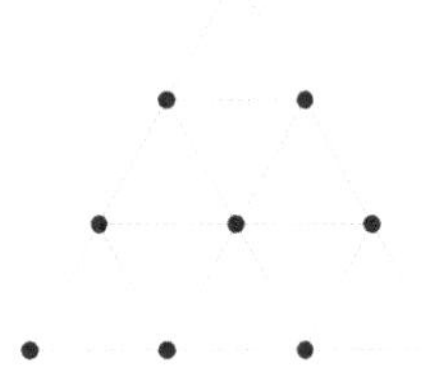

テトラクテュス

単位正方形の対角線の長さが$\sqrt{2}$という無理数であり，それは整数の比では表せないということを教団の一人が発見したが，その発見者（あるいはそれを外部に漏らそうとした者）を海に突き落として処刑したという話は有名である．

13.1　ピタゴラス音律

ドレミファソラシドの音律は，もちろん自然に決まっているものではなくて人間が決めたものであるが，花の美しさの中には自然の法則があるように，音律にも何かの自然の法則があるのではないか，と考えるのも当然である．

ピタゴラスは弦の長さとその音について実験をして，ドと上の $\dot{\text{ド}}$ との比が 2 : 1，ドと ソとの比が 3 : 2，ドと ファとの比が 4 : 3 であることを発見した．弦の長さは音の周波数に反比例するので，周波数の比は

$$\text{ド} : \dot{\text{ド}} = 1 : 2, \quad \text{ド} : \text{ソ} = 2 : 3, \quad \text{ド} : \text{ファ} = 3 : 4$$

となる．そこに現れる数が彼の教団が重要視している 1, 2, 3, 4 であることから，これこそが音楽を支配する数であるとピタゴラスは考えた．そして，他の音もこれらの数からできた比である，言い換えると，2 , 3 のみを素因数とする比であるとした．

この原則で作った音律がピタゴラス音律であり，下のドの周波数を 1 としたときの，ドレミファソラシ$\dot{\text{ド}}$それぞれの周波数を分数で表すと次のようになる．ここで，音程を決めているのは周波数の比であり，周波数の差ではないことに注意してほしい．

ド	レ	ミ	ファ	ソ	ラ	シ	$\dot{\text{ド}}$
1	$\frac{9}{8}$	$\frac{81}{64}$	$\frac{4}{3}$	$\frac{3}{2}$	$\frac{27}{16}$	$\frac{243}{128}$	2

ファ→ソの音程が全音であり，その周波数比は $\frac{4}{3} : \frac{3}{2} = 8 : 9$ であるから，これを他の全音の音程 ド→レ，レ→ミ，ソ→ラ，ラ→シにもあてはめて，レは $\frac{9}{8}$，ミは $\frac{9}{8} \times \frac{9}{8} = \frac{81}{64}$，ラは $\frac{3}{2} \times \frac{9}{8} = \frac{27}{16}$，シは $\frac{27}{16} \times \frac{9}{8} = \frac{243}{128}$ としている．また，半音 ミ→ ファ，シ→ $\dot{\text{ド}}$はどちらも $\frac{256}{243}$ となり，全音，半音とも，それぞれ一定の音程をもつ音律となっている．

全音音程が $\frac{9}{8} = \frac{3^2}{2^3}$，半音音程が $\frac{256}{243} = \frac{2^8}{3^5}$ であり，ドから $\dot{\text{ド}}$まで 1 オクターブに全音音程が 5 個，半音音程が 2 個あるので，ちょうど $\left(\frac{3^2}{2^3}\right)^5 \times \left(\frac{2^8}{3^5}\right)^2 = 2$ となる．この点では，理にかなった音律であると言える．ただし，半音を 2 つ合わせた音程 $\frac{256}{243} \times \frac{256}{243} = \frac{2^{16}}{3^{10}} = 1.10986$ は全音音程 $\frac{9}{8} = \frac{3^2}{2^3} = 1.125$ よりもかなり狭くなっている．

しかし，ミおよび シの周波数は，大きな分子分母の有理数となっていて，数学的にも美しくなく，実際の音も響きが良くない．その理由は，ピタゴ

ラスが 1, 2, 3, 4 に固執する余り，周波数比に出てくる素因数を 2, 3 に限定していることにある．

13.2 和音

2 つ以上の音が同時に奏でられたものを，和音という．人間が和音を聞くとき，美しく聞こえるものとそうでないものとがある．一般的に，和音に含まれる音の周波数が簡単な整数比で表されると，調和した和音として心地よく聞こえる．そのような和音を協和音といい，そうでないものを不協和音という．

● 二和音

例えば，周波数が 200 と 300 との 2 つの音は，その比が 2 : 3 なので一方の 2 周期の間に他方はちょうど 3 周期となり，短い時間で同期する．次の左のグラフは，その 2 つの波形が同期するまでの様子であり，右のグラフは，2 つの波を加えた形を描いている．

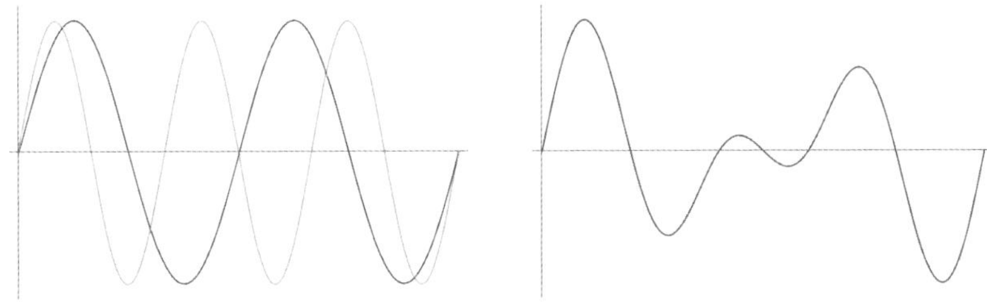

周波数が 210 と 270 とであれば，その比は 7 : 9 なので同期するまでに，それぞれ 7 周期，9 周期という長い時間を要する．

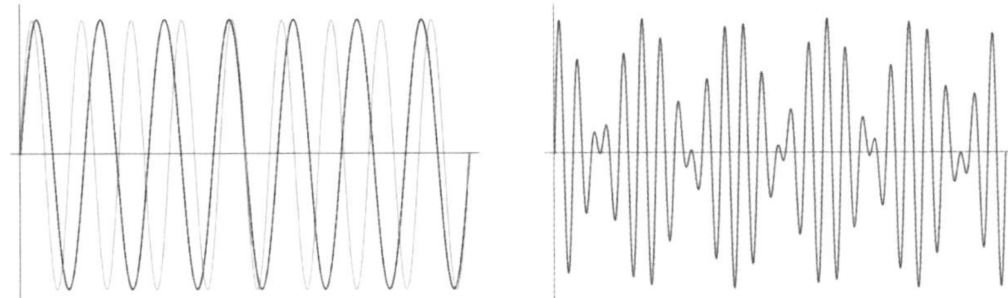

これが，調和する和音とそうでない和音との違いである．

特に，2 つの音の周波数が近い場合には，それらの周波数の差を振動数とするうなりが聞こえる．次の波形は，周波数 100 と 103 との 2 つの音を合わせた音の 1 秒間の波形であり，数えてみるとうなりが 3 回ある．

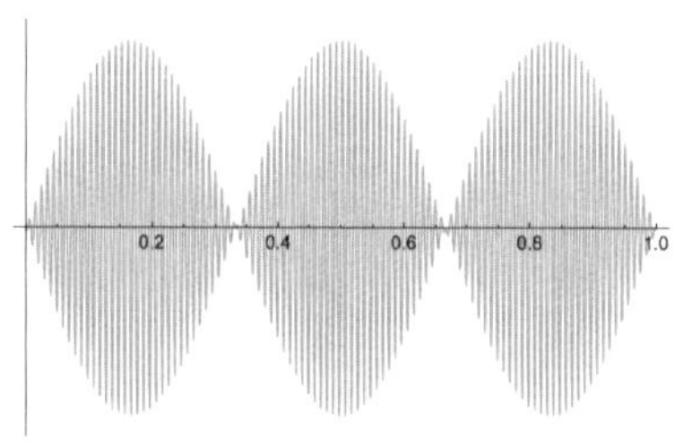

そういう意味でもっとも調和している和音は周波数比が 1 : 2 の和音で，ピタゴラス音律の ドと ド̇との和音である．これを，完全 8 度の和音という．

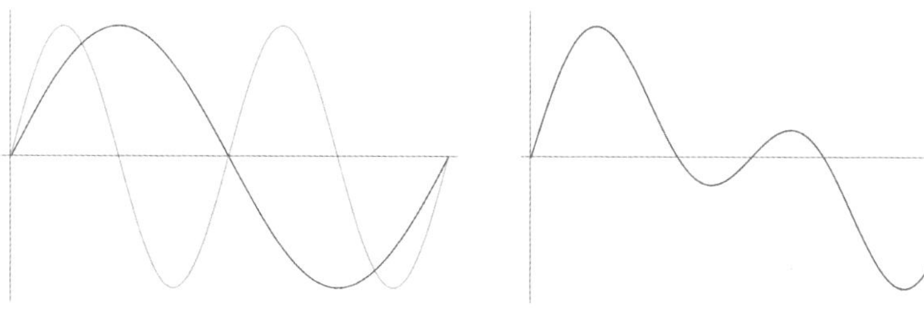

その次に調和しているのは周波数比 2 : 3 の和音，ピタゴラス音律の， ドと ソと，あるいは ファと ド̇との和音である．これを完全 5 度の和音という．

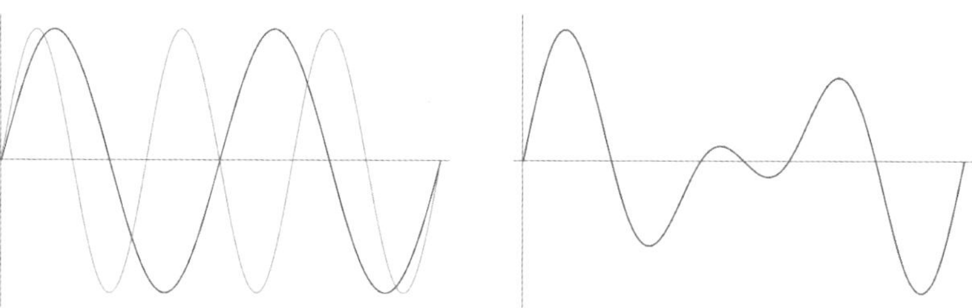

その次は周波数比 3 : 4 の和音，ピタゴラス音律の， ドと ファと，あるいは ソと ド̇との和音である．これを完全 4 度の和音という．

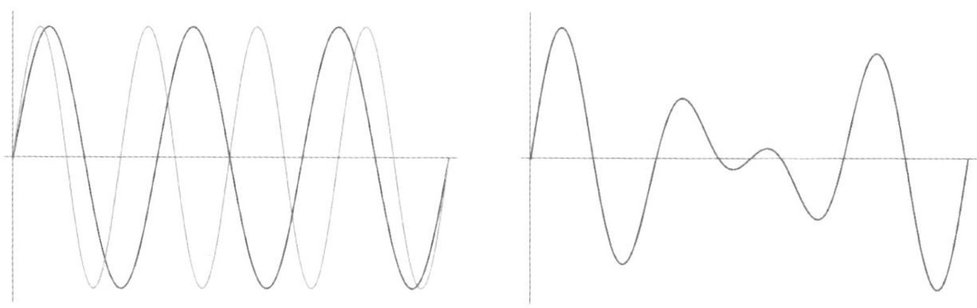

● 三和音

次に，3 つの音の和音を考える．ただし，3 音が 1 オクターブの中にある音，すなわち，高い音は低い音の周波数の 2 倍未満，ということにする．3 和音の場合も周波数比が簡単な整数比になっているものが調和する和音であるが，「簡単な整数比」という基準があいまいである．例えば， 5 : 6 : 9 と 5 : 7 : 8 とはどちらが簡単か判定できない．そこで，3 つの整数の最小公倍数が小さい，という基準で判断する．5 : 6 : 9 の場合は最小公倍数が 90, 5 : 7 : 8 の場合は最小公倍数が 280 なので，前者の方が簡単な整数比ということになる．

そこで，3 つの自然数の比 $a : b : c$ で，$a < b < c$ かつ $c < 2a$ であるもので，a, b, c の最小公倍数が一番小さいものを探すと，$a : b : c = 3 : 4 : 5$, 4 : 5 : 6, 10 : 12 : 15, 12 : 15 : 20 の 4 つがあり，どれも最小公倍数は 60 である．

周波数比が 3 : 4 : 5 と 4 : 5 : 6 との和音は，どちらも長三和音と呼ばれていて，1 オクターブの中でみると本質的には同じ和音である．3 : 4 : 5 の一番低い音を 1 オクターブ上げると 2 倍の 6 になり， 4 : 5 : 6 の和音となるからである．このように，和音の中の一つの音を 1 オクターブ上げたり下げたりすることを，音楽用語で転回という．

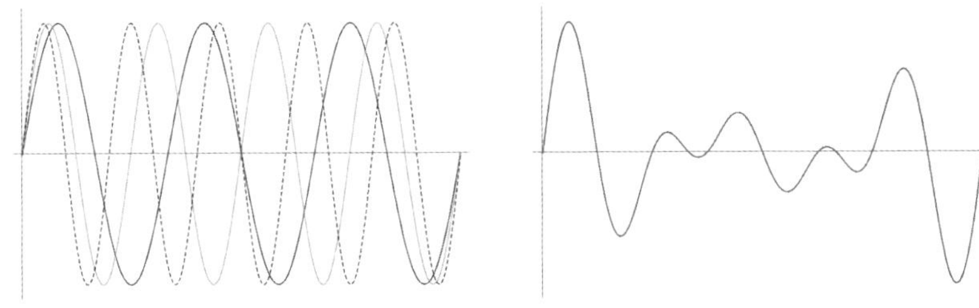

周波数比 3 : 4 : 5 の和音

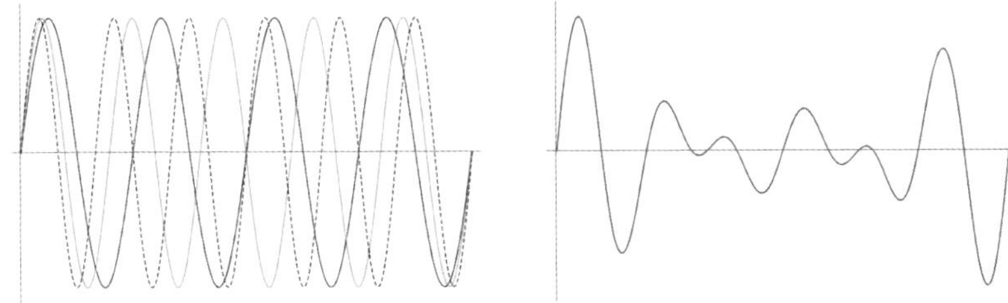

周波数比 4 : 5 : 6 の和音

周波数比 10 : 12 : 15 と 12 : 15 : 20 との和音も，一番低い音を 1 オクターブ上げて 2 倍にすることで同じ和音になる．これらは短三和音と呼ばれる．

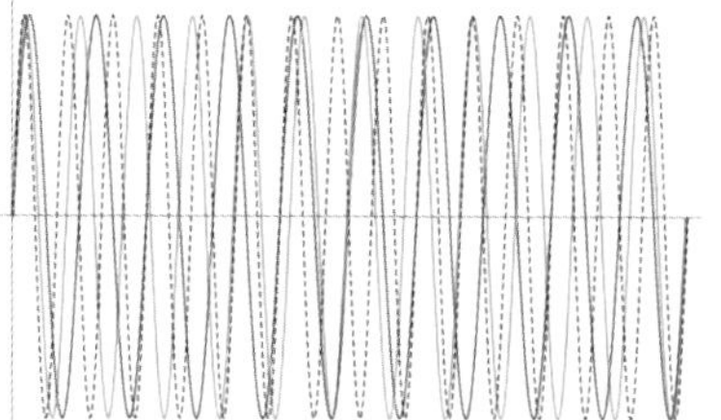
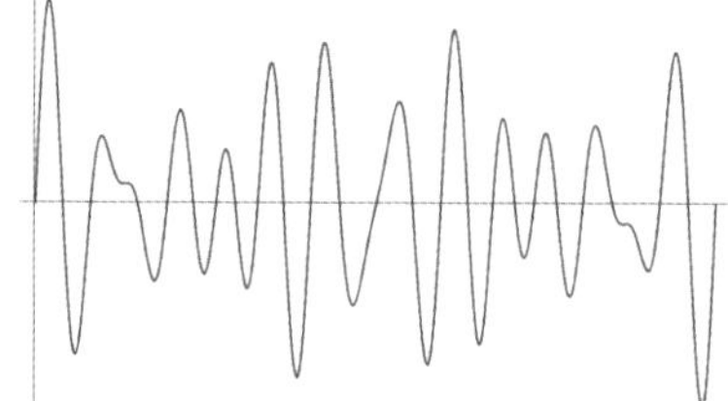

周波数比 10 : 12 : 15 の和音

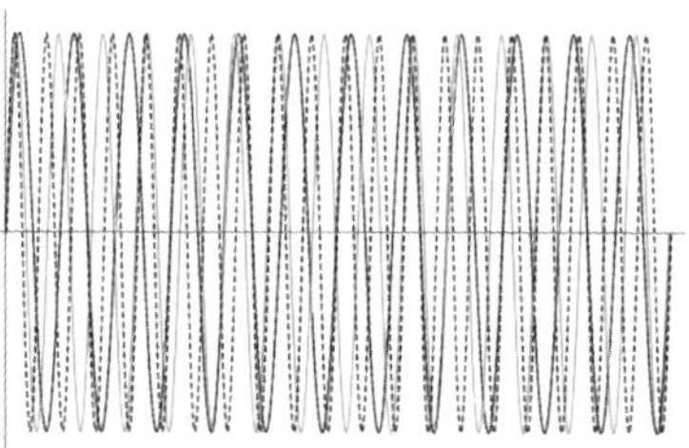

周波数比 12 : 15 : 20 の和音

実際に聞き比べると，長三和音は明く活動的な響きがあり，短三和音は暗く落ち着いた響きがある．興味深いことに，短三和音の周波数比は，長三和音の周波数比 4 : 5 : 6 の逆数を逆順にしたものになっている．

$$10 : 12 : 15 = \frac{1}{6} : \frac{1}{5} : \frac{1}{4}$$

これらの三和音の一番低い音をピタゴラス音律の ドにすると，3 : 4 : 5 の和音の下 2 つは ドと ファとで，4 : 5 : 6 の和音および 10 : 12 : 15 の和音の上下 2 つは ドと ソとであるが，それ以外の，周波数比 5 あるいは 12 にあたる音は，ピタゴラス音律にはない．そこで，これらの音を取り入れた音律が，次の純正律となる．

13.3 純正律

1482 年に，バルトロメオ・ラモス・デ・パレーハによって提唱された純正律は，次のように周波数比を定めたものであり，2, 3, 5 の素因数が用いられている．

ド	レ	ミ	ファ	ソ	ラ	シ	$\dot{ド}$	$\dot{レ}$	$\dot{ミ}$
1	$\frac{9}{8}$	$\frac{5}{4}$	$\frac{4}{3}$	$\frac{3}{2}$	$\frac{5}{3}$	$\frac{15}{8}$	2	$\frac{9}{4}$	$\frac{5}{2}$

これらの周波数比は次のように決められている．まず，ド : $\dot{ド}$ = 1 : 2 とする．次に，ド : ファ : ラ = 3 : 4 : 5 となるように，ファ = $\frac{4}{3}$，ラ = $\frac{5}{3}$ と周波

数を決め，ド : ミ : ソ = 4 : 5 : 6 となるように，ミ = $\frac{5}{4}$，ソ = $\frac{3}{2}$ と周波数を決める．最後に，ソ : シ : レ̇ = 4 : 5 : 6 となるように，シ = $\frac{3}{2} \times \frac{5}{4} = \frac{15}{8}$，レ̇ = $\frac{3}{2} \times \frac{6}{4} = \frac{9}{4}$ と周波数を決めて，レは レ̇の半分の周波数 $\frac{9}{8}$ とする．

純正律の ドミソと ファラド̇と ソシレ̇とは，どれも 4 : 5 : 6 の長三和音であり，それぞれ I, IV, V の和音と呼ばれ，まとめて主要三和音と呼ばれている．このように，純正律は主要三和音をきちんと実現することを重要視して作られた音律である．

では，10 : 12 : 15 の短三和音はどうであろうか．それは，III の和音ミ : ソ : シ = $\frac{5}{4} : \frac{3}{2} : \frac{15}{8}$ および VI の和音 ラ : ド̇ : ミ̇ = $\frac{5}{3} : 2 : \frac{5}{2}$ に実現されている．

問題 13.1　II の和音 レ : ファ : ラおよび VII の和音 シ : レ̇ : ファ̇の純正律での周波数比を求めよ．

このように，和音の響きという点ではほぼ満点の純正律であるが，1 つ困ったことがある．純正律での半音音程は，ミ : ファ = シ : ド̇ = 15 : 16 の 1 種類だけであるが，全音音程は，ド : レ = ファ : ソ= ラ : シ = 8 : 9 とレ : ミ = ソ : ラ = 9 : 10 との 2 種類があり，前 3 つの全音の方が後 2 つの全音よりも，幅が少しだけ大きいのである．このことからも分かるように，純正律では他の調への転調ができない．すなわち，ピアノのように調律が固定されている楽器では，純正律で調律すると転調を含む楽曲の演奏ができないのである．この欠点を補ったのが，次の平均律である．

13.4　平均律

オルガンやピアノのように調律が固定された楽器で，何調の楽曲でも演奏できるようにするためには，半音はきっちり全音の半分で，全音はどれも同じ音程であるようにしなければならない．すなわち，音の間隔を等間隔にする必要がある．

ここでも，音の間隔というのは周波数の比のことであり，差ではないことを注意しよう．

● 12 平均律

ピアノの鍵盤を見れば，下の ドから上の ド̇までの 1 オクターブに半音音程が 12 個ある．下の ドと上の ド̇との周波数比は 2 であるので，半音の音程の周波数比を 12 回繰り返すと，周波数が 2 倍になる．12 回掛けると 2 になる数は，2 の 12 乗根 $2^{\frac{1}{12}}$ であるので，半音音程は周波数が $2^{\frac{1}{12}}$ 倍になり，全音音程は周波数が，その 2 乗の $2^{\frac{1}{6}}$ 倍になる．

この半音全音の音程をもとに **ドレミファソラシド̇** の音を決めたのが，12 平均律と呼ばれる音律である．具体的には，ドの周波数を 1 としたとき，各音の周波数は次のような値になる．一番下の行は，純正律での周波数である．

ド	レ	ミ	ファ	ソ	ラ	シ	ド̇
$2^{\frac{0}{12}}$	$2^{\frac{2}{12}}$	$2^{\frac{4}{12}}$	$2^{\frac{5}{12}}$	$2^{\frac{7}{12}}$	$2^{\frac{9}{12}}$	$2^{\frac{11}{12}}$	$2^{\frac{12}{12}}$
1.000	1.122	1.260	1.335	1.498	1.682	1.888	2.000
1.000	1.125	1.250	1.333	1.500	1.667	1.875	2.000

k が 12 の倍数でなければ $2^{\frac{k}{12}}$ の値は無理数であるから，平均律においては，どの 2 つの音の周波数比も（ドと ド̇とを除いて）整数の比にはならない．したがって，平均律のどの 2 和音も 3 和音も，（ドと ド̇と以外は）厳密には協和音とはならない．しかし，純正律との誤差は一番大きな **ラ** においても 1% 未満であり，この程度の差は，普通の人の耳には注意を払わないと区別できないので，純正律の近似値として使用している．

そこで，区別ができるかできないか聴いて確かめてみよう．と言いたいところだが，紙面では音を聞かせる訳にもいかないので，音の波形を見てみよう．次のグラフは **ドミソ** の和音の 0.1 秒間の波形をプロットしたものである．

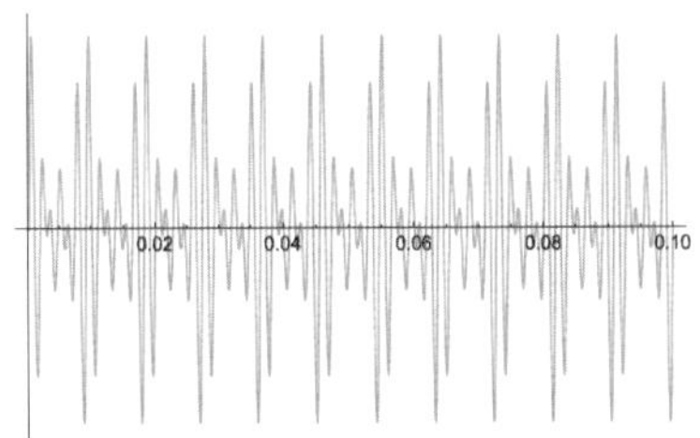

純正律 ドミソの和音の波形

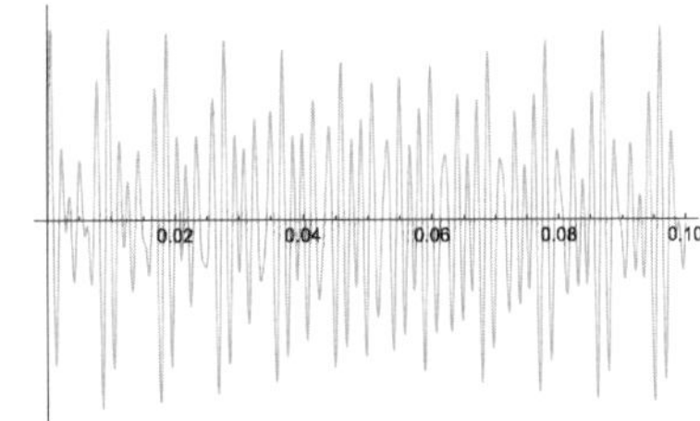

12 平均律 ドミソの和音の波形

純正律は規則正しい波形となっているが，平均律の方は波形が不規則に変化しつつ約 0.1 秒周期のうなりが見える．実際に，純正律の和音を聞いた直後に平均律の和音を聞くと，違いが分かる．

12 平均律は，西洋では 1605 年頃にシモン・ステヴィンという数学者が考案したことになっているが，中国では 447 年頃に平均律に近いものが記述されていて，1584 年には朱載イクがきちんとした 12 平均律を提唱している．日本でも 1692 年に和算家の中根元圭によって考案されている．

● 53 平均律

1 オクターブを 53 等分してすべての音程を $2^{\frac{k}{53}}$ とした，53 平均律というものがある．

この音律での ドレミファソラシド̇の周波数比は次のようになる．最下段の値は純正律の周波数比である．

ド	レ	ミ	ファ	ソ	ラ	シ	ド̇
$2^{\frac{0}{53}}$	$2^{\frac{9}{53}}$	$2^{\frac{17}{53}}$	$2^{\frac{22}{53}}$	$2^{\frac{31}{53}}$	$2^{\frac{39}{53}}$	$2^{\frac{48}{53}}$	$2^{\frac{53}{53}}$
1.000	1.125	1.249	1.333	1.500	1.665	1.873	2.000
1.000	1.125	1.250	1.333	1.500	1.667	1.875	2.000

純正律との誤差は一番大きな シでも 0.1%未満であり，この差を聞き分けることができる人はほとんどいないと思われる．

下図の右側が 53 平均律での ドミソの和音の波形である．左の純正律とほとんど区別ができないことがわかる．

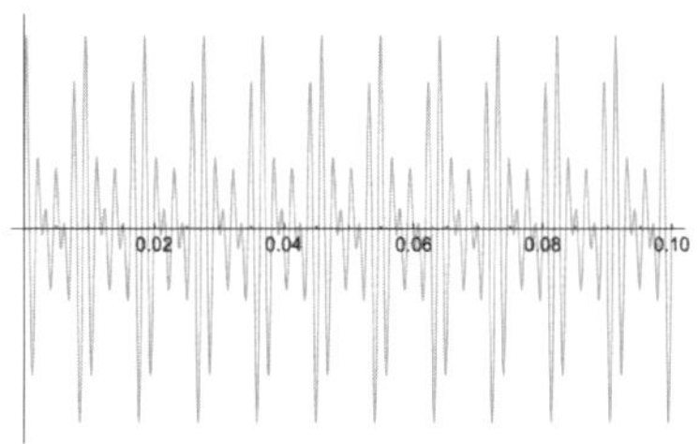

純正律 ドミソの和音の波形

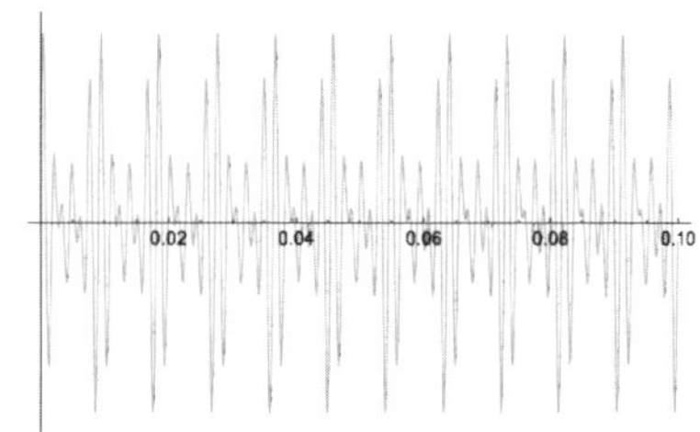

53 平均律 ドミソの和音の波形

この音律でオルガンを作ると 1 オクターブに 53 個の鍵盤が必要となる．その鍵盤の配置をデザインするのは難しいが，実際に作られている．しかし，それを演奏するには高度な技量が必要であることは確かだ．

13.5 素因数 7

純正律の話の話に戻る．純正律は，2, 3, 5 の素因数をもつ比でその周波数が決められていた．しかし，素因数を 5 までに制限せず，その次の素数 7 も含めたらどうだろうか．

コード進行で重要な ソシレ̇ファ̇という和音があり，属七和音と呼ばれている．これは純正律では $\frac{3}{2} : \frac{15}{8} : \frac{9}{4} : \frac{8}{3} = 36 : 45 : 54 : 64$ の周波数比になり，かなり大きな整数が出てきて美しくない．その 0.1 秒間の波形には不規則な変化があり約 0.05 秒周期のうなりも見える．

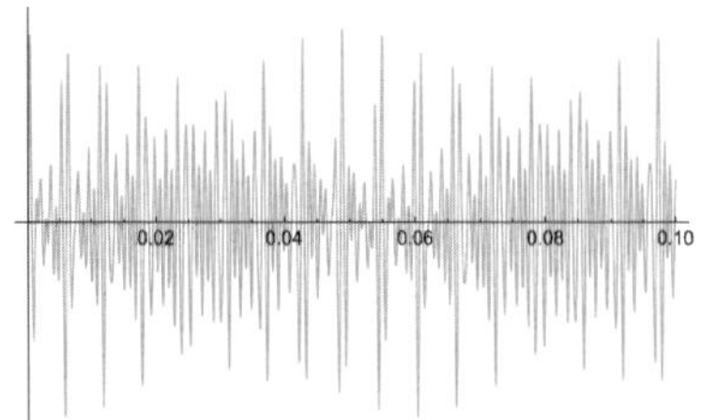

純正律属七和音の波形

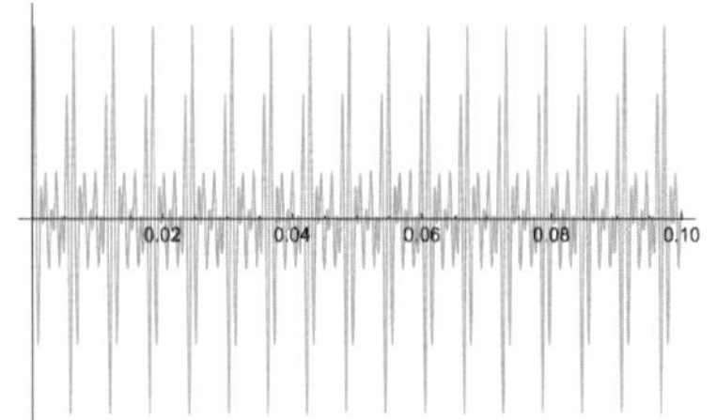

4:5:6:7 とした属七和音の波形

しかし，この フ̇ァの周波数比 $\frac{8}{3} = 2.667$ に近い値として $\frac{21}{8} = 2.625$ を選び，この音で和音の第 4 音を置き換えると，$\frac{3}{2} : \frac{15}{8} : \frac{9}{4} : \frac{21}{8} = 4 : 5 : 6 : 7$ という単純で美しい周波数比になる．その波形もすっきりとしていて，うなりは見られない．

このように，人間の聴覚で美しいと感じることと，数学で美しいと感じることとが，密接に関係しているのは非常に興味深いことである．

あみだくじと置換と

14.1　あみだくじ

阿弥陀如来の後光に似ているのでその名前がついた「あみだくじ」を数学的に考察する.

● **1** 対 **1** の対応

まずは，あみだくじについての素朴な疑問である.

> あみだくじで異なる場所 A, B を引いたときに，結果が同じ場所 C にならない保証は？

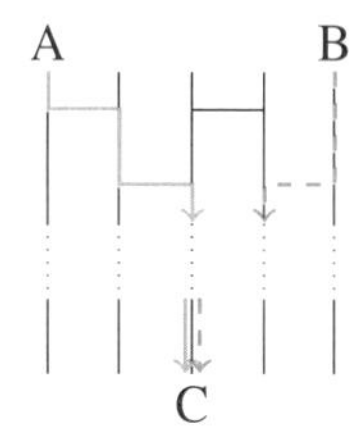

子供の時にあみだくじを引くたびに，このことが気になって仕方なかった．数学的な言葉で言えば，対応が，多対 1 ではなくて 1 対 1 である保証はあるのか，ということである.

この問いに答える有効な方法は「逆に辿る」である．A から辿って C まで行ったとすると，C から逆に辿ると A に行くということになる．だから，他の場所 B から辿って C に行くことはありえない．数学の言葉で言えば，逆の対応があるならば 1 対 1 の対応である，ということだ.

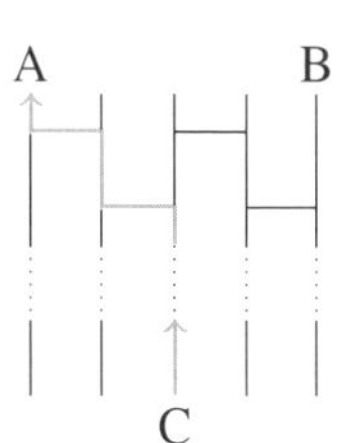

● あみだくじの結果の表示

あみだくじ σ の縦棒の上端と下端とに，それぞれ，左から順番に $1, 2, \ldots, n$ と番号をつける．上端の i 番目を引いたときに，下端の j 番目になることを，$\sigma(i) = j$ と書き，すべての結果を分かりやすく次のように表す.

$$\sigma = \begin{pmatrix} 1 & 2 & \cdots & n \\ \sigma(1) & \sigma(2) & \cdots & \sigma(n) \end{pmatrix}$$

例えば，下図のあみだくじの場合は，次のようになる.

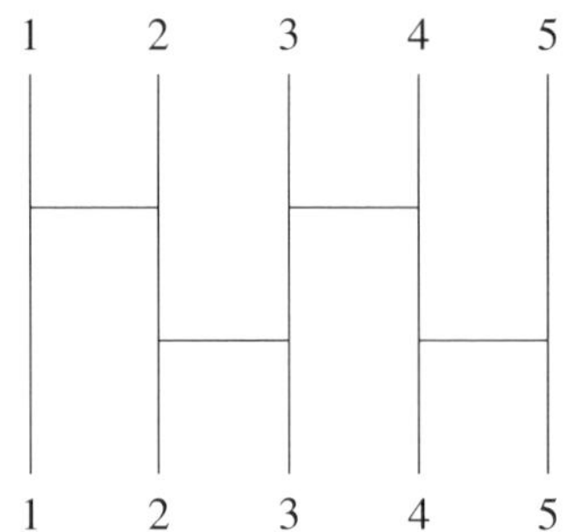

$$\sigma = \begin{pmatrix} 1 & 2 & 3 & 4 & 5 \\ 3 & 1 & 5 & 2 & 4 \end{pmatrix}$$

●結果を指定してあみだくじを作る

普通は，結果が分からないようにあみだくじを作るのであるが，ここでは，指定された結果になるようなあみだくじを作ることを考える．

問題 14.1　結果が $\sigma = \begin{pmatrix} 1 & 2 & 3 & 4 & 5 \\ 4 & 2 & 5 & 3 & 1 \end{pmatrix}$ となるあみだくじを作れ．

答えは何通りもあると思うが，横棒が少ない物が望ましいとする．上の問題ならば，横棒の本数は 7 本が最小本数である．また，9 本でも作ることはできるが，8 本では作れそうにない．そこで，次の 2 つのことを考えよう．

- 6 本以下では作ることができないのは何故か
- 8 本で作ることができないのは何故か

その前に，先ほどの問題のあみだくじの簡単な作り方を言おう．それは次のようにすればよい．

まず，上下にそれぞれ $1, 2, \ldots, n$ と番号を振った点を用意し，$i = 1, 2, \ldots, n$ について，上の i 番目の点から下の $\sigma(i)$ 番目へ，曲線で結ぶ．このとき，曲線が下から上に逆行したり，3 本以上の曲線が 1 点で交わったりしないようにする．次に，いくつかできた交点 をすべて， のように，縦棒 2 本の間に横棒が 1 本ある状態に描き換える．

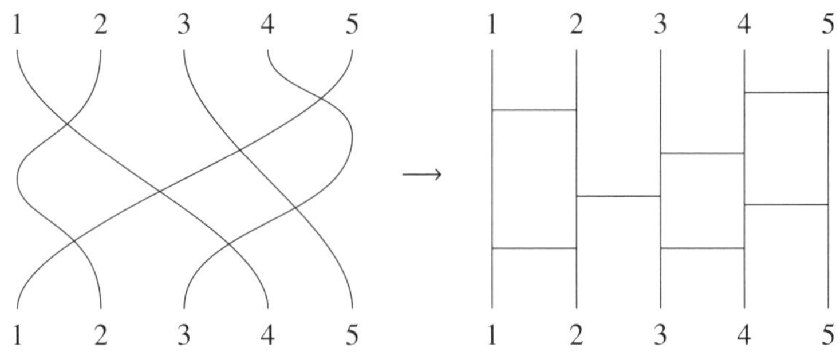

これで，目的の結果となるあみだくじを作れる．このとき，余分な交点がないように曲線を描くと，横棒の本数を減らすことができる．この例題

の場合では，上の図が交点が最も少ないように思われるが，他の描き方をしてもこれよりも交点数を減らすことができない，ということを証明するには，根拠が足りない．

● 転倒ペア

その根拠を与えるには，転倒ペアを数えればよい．転倒ペアとは，$1, 2, \ldots, n$ の 2 数のペア (i, j) で，$i < j$ かつ $\sigma(i) > \sigma(j)$，すなわち，あみだくじの上下で順序が逆になるペアのことである．例題の $\sigma = \begin{pmatrix} 1 & 2 & 3 & 4 & 5 \\ 4 & 2 & 5 & 3 & 1 \end{pmatrix}$ の場合は，$(1, 2)$, $(1, 4)$, $(1, 5)$, $(2, 5)$, $(3, 4)$, $(3, 5)$, $(4, 5)$ の 7 個が転倒ペアである．(i, j) が転倒ペアのとき，i 番目から $\sigma(i)$ 番目へ結んだ曲線と，j 番目から $\sigma(j)$ 番目へ結んだ曲線とは，少なくとも 1 回交わる．したがって，例題の場合，交点は少なくとも 7 個になる．

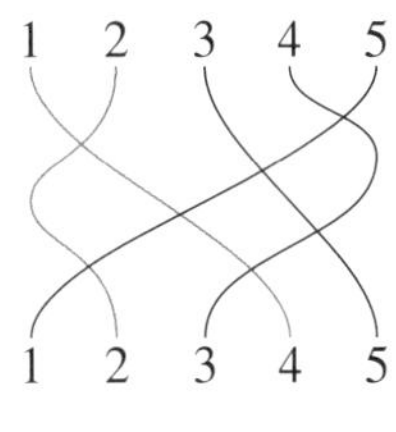

$(1, 2)$ は転倒ペア

次に，横棒 8 本で作れない理由を考えよう．

「(i, j) が転倒ペアのとき，i 番目の曲線と j 番目の曲線とは，少なくとも 1 回交わる」と言ったが，偶数回交わると元に戻ってしまうので，その回数は奇数である．したがって，転倒ペアの個数が奇数なら交点の個数も奇数，偶数なら偶数となる．よって，例題の場合，横棒は奇数本でなければならないので，8 本では作れない．

14.2 便所掃除だけは外したい

いよいよ，プロローグで紹介した便所掃除を外す方法が解説できる．

- あみだくじを作った人に，横棒の本数だけは聞いておくこと
- 最後から 2 番目にくじを引くこと
- それまでに引いた人の結果を聞くこと

を実行して次の状況になったとき，A, B のどっちを引くべきか，という問題であった．

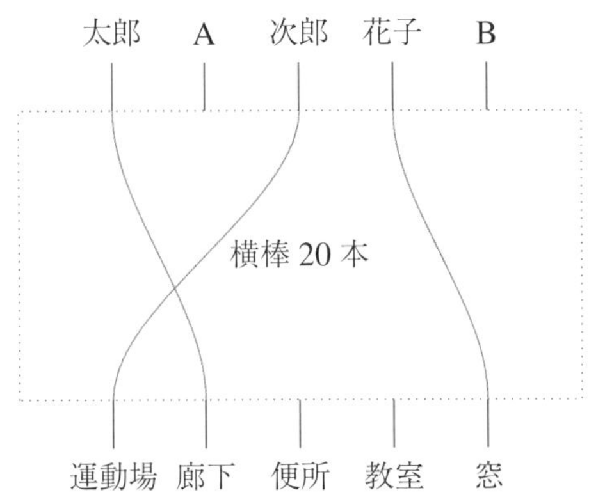

横棒が偶数本なので，対応する上下の点を結んだ曲線の交点も偶数個となる．したがって，下図の通り，便所掃除を外すには A を選ぶとよい．

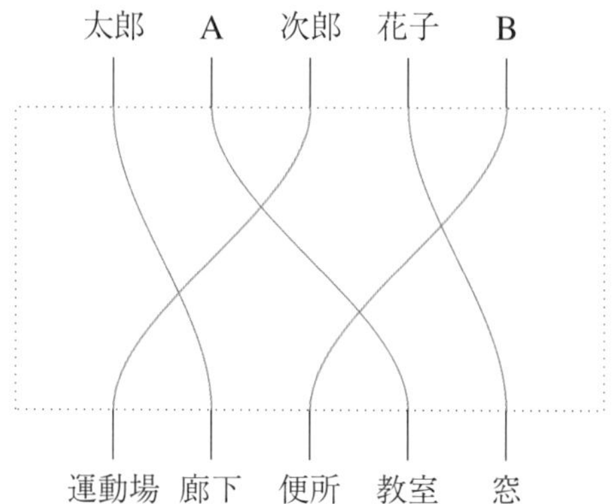

> 問題 14.2　縦棒が 7 本，横棒が 35 本のあみだくじがある．当たりは下部の 4 番目である．その上部で左から 1, 2, 3, 4, 5 番目を引いたら，それぞれ下部で左から 6, 5, 7, 2, 3 番目になった．上部の 6 番目，7 番目のどちらが当たりであるか．

14.3　置換

本質的にはあみだくじで十分なのだが，数学用語として「あみだくじ」では格好悪いので，置換という用語を用いる．

$\{1, 2, 3, \ldots, n\}$ から $\{1, 2, 3, \ldots, n\}$ への，1 対 1 の対応

$$\sigma : \{1, 2, 3, \ldots, n\} \to \{1, 2, 3, \ldots, n\}$$

を n 次の置換といい，

$$\sigma = \begin{pmatrix} 1 & 2 & \cdots & n \\ \sigma(1) & \sigma(2) & \cdots & \sigma(n) \end{pmatrix}$$

のように表記する．

数のペア (i, j) で，$i < j$ かつ $\sigma(i) > \sigma(j)$ であるものを転倒ペアという．また，転倒ペアの個数を σ の転倒数という．転倒数が偶数の置換を偶置換，奇数の置換を奇置換という．

> 問題 14.3　置換 $\sigma = \begin{pmatrix} 1 & 2 & 3 & 4 & 5 & 6 & 7 & 8 \\ 5 & 8 & 2 & 4 & 3 & 1 & 7 & 6 \end{pmatrix}$ の転倒ペアをすべて挙げよ．また σ は偶置換か奇置換かのどちらであるか．

● サイクル分解

置換 σ に対して，ある数 a_1 から始めて $a_2 = \sigma(a_1), a_3 = \sigma(a_2), \ldots$ のように繰り返し σ を施すと，必ずいつか始めに戻ってきて，$a_{k+1} = a_1$ となる．

例えば，$\sigma = \begin{pmatrix} 1 & 2 & 3 & 4 & 5 & 6 & 7 & 8 \\ 4 & 7 & 8 & 2 & 5 & 3 & 1 & 6 \end{pmatrix}$ のときに 1 から始めたら，1, 4, 2, 7 の次に 1 に戻る．このとき，$(a_1, a_2, a_3, \ldots, a_k)$ を，（a_1 から始めた）σ のサイクルといい，k をサイクルの長さという．例の場合だと，$(1, 4, 2, 7)$ が 1 から始めたサイクルで長さは 4 である．

また, このサイクルに含まれる他の数 a_i から始めると, $(a_i, a_{i+1}, ..., a_k, a_1, ..., a_{i-1})$ というサイクルになるが，これは始まりが違っているだけなので，元のサイクルと同じと見なす．

次に，$(a_1, a_2, \ldots, a_k)$ に含まれない数 b_1 から始めると，$(b_1, b_2, \ldots, b_\ell)$ という別のサイクルになり，この中の数はすべて $(a_1, a_2, \ldots, a_k)$ には含まれていない数である．これを繰り返すと，$1, 2, \ldots, n$ のすべての数が，いくつかのサイクルに分かれたものが得られる．これを σ のサイクル分解という．

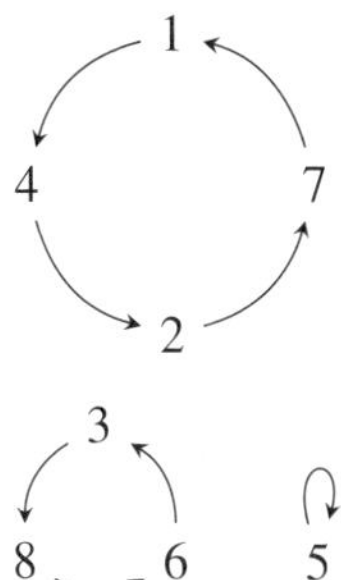

例えば，$\sigma = \begin{pmatrix} 1 & 2 & 3 & 4 & 5 & 6 & 7 & 8 \\ 4 & 7 & 8 & 2 & 5 & 3 & 1 & 6 \end{pmatrix}$ ならば，そのサイクル分解は $(1, 4, 2, 7)(3, 8, 6)(5)$ となる．

問題 14.4　置換 $\sigma = \begin{pmatrix} 1 & 2 & 3 & 4 & 5 & 6 & 7 & 8 & 9 \\ 8 & 5 & 2 & 4 & 3 & 9 & 1 & 6 & 7 \end{pmatrix}$ のサイクル分解を求めよ．

14.4　カードをめくるレジスタンス達

プロローグで紹介した，30 人のレジスタンス達に課された次の問題を考えよう．

- ある部屋に，1 から 10 までの番号が書かれたカードが 10 枚，順序はランダムに伏せて並べてある．
- 一人ずつその部屋に入って，探すべきカードの番号を看守からランダムに告げられる．10 枚のうち 5 枚だけをめくって，告げられた番号のカードを見つける．
- めくったカードは，元の場所に伏せて戻すので，カードの順番は変えられない．目印もつけられない．終わったあとは別室に連れて行かれるので，他の人に何かを伝えることはできない．
- 全員が成功したときのみ，全員が解放される．一人でも失敗したら，全員処刑される．

指令：3 のカードを探せ

● $\left(\frac{1}{2}\right)^{30}$ の呪縛から逃れる

最初の人から最後の人まで状況は全く同じで，一人が成功する確率は $\frac{1}{2}$

なのだから，全員が成功する確率は $\left(\frac{1}{2}\right)^{30}$ である，という説明は説得力があるが，それには1つ誤りがある．それは，幾つかの事象が重なって起こる確率がそれぞれの確率の積になるためには，それらの事象が互いに無関係，すなわち独立事象である必要があるのだ．一人目も二人目も成功する確率は $\frac{1}{2}$ であっても，一人目が成功したときに二人目が成功する条件付き確率が変われば，二人とも成功する確率は $\frac{1}{4}$ とはならない．

例えば，みんなで相談して，指示された数が偶数なら左から5枚をめくって，奇数なら右から5枚をめくる，と決めておいたとする．すると，一人目が成功した場合，確かに偶数が1つ左の5枚にあったのだから，二人目に偶数が指示されたときに成功する確率は，$\frac{1}{2}$ よりも高くなる．

実際，10個のものを5個と5個とに分ける方法は ${}_{10}C_5 = 252$ 通りなので，すべての偶数が左の5枚に並んでいる確率は $\frac{1}{252}$ である．だから，$\frac{1}{252}$ の確率で，レジスタンスが何人いようが全員が成功する．これは，$\left(\frac{1}{2}\right)^{30} = \frac{1}{1073741824}$ よりも文字通り桁違いに良い．

では，全員が成功する確率が3割にもなる方法とはどんな方法だろうか．

● カードのめくり方

そのめくり方は簡単で，伏せられたカードに，左から順に1, 2, ..., 10と番号を付けておいて，例えば「3番のカードを探せ」と指示されたら，始めに左から3番目のカードをめくり，次は，そのカードに書かれた数が例えば5だったら，左から5番目のカードをめくり，後はそれを繰り返すだけである．

「3番のカードを探せ」

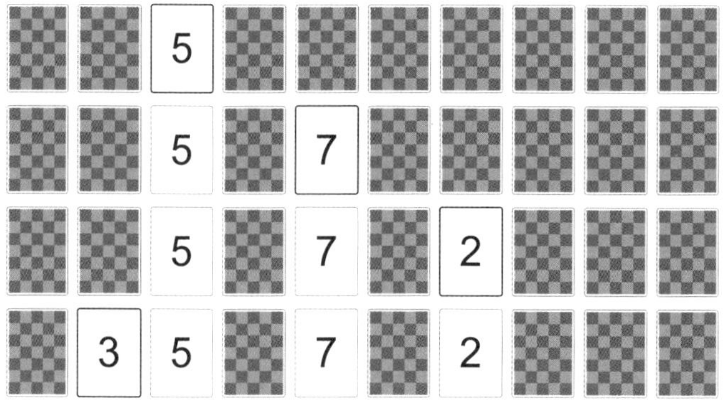

強く注意しておくが，このめくり方は魔法のめくり方でも何でもなくて，

このめくり方をしても，5 枚めくるうちに指示されたカードが出てくる確率は，やはり $\frac{1}{2}$ である．この方法で何か金儲けをしようとしても，それは無理であるので考えない方が良い．

● 全員が成功する確率

さて，このめくり方をしたとき，5 枚目までに指定された番号のカードが出てくるのはどのようなときだろうか．それは，置換のサイクル分解をすることで分かる．例えば，

4	3	5	10	7	9	2	6	1	8

このようなカードの並びの状況は，

$$\sigma = \begin{pmatrix} 1 & 2 & 3 & 4 & 5 & 6 & 7 & 8 & 9 & 10 \\ 4 & 3 & 5 & 10 & 7 & 9 & 2 & 6 & 1 & 8 \end{pmatrix}$$

という置換で表すことができ，そのサイクル分解は $(1,4,10,8,6,9)(2,3,5,7)$ となる．ここで，「3 番のカードを探せ」と指示されたときにめくるカードは，3 から始まるサイクル $(3,5,7,2)$ にある，左から 3, 5, 7, 2 番目のカードであり，そして，サイクルの最後のカードは指示された番号 3 のカードとなる．しかし，「4 番のカードを探せ」と指示されたときには，4 から始まるサイクル $(4,10,8,6,9,1)$ 番目のカードで，最後のカードは指示された番号になるのだが，残念ながらそれは 6 枚目である．したがって，何番のカードを指定されても 5 枚目までにそのカードが出るための条件は，σ のサイクルの長さがすべて 5 以下であることである．

以上のことより，10 枚カードがランダムに並べられていたとき，何番のカードを指示されても成功する確率は，10 次の置換が長さ 6 以上のサイクルを持たない確率である．それを求めるために，カードの枚数を一般化して $2n$ 枚として，$2n$ 次の置換で長さ k $(k > n)$ のサイクルがあるものの個数を考えよう．長さ k のサイクルの取り方は，$2n$ 個から k 個を選んで円形に並べる円順列なので，${}_{2n}P_k \frac{1}{k} = \frac{(2n)!}{(2n-k)!}\frac{1}{k}$ 通りある．そして，そのサイクルに含まれない $2n-k$ 個の数の置換は $(2n-k)!$ 通りある．よって，長さ k $(k > n)$ のサイクルがある $2n$ 次の置換は $\frac{(2n)!}{(2n-k)!}\frac{1}{k}(2n-k)! = \frac{(2n)!}{k}$ 個ある．

$2n$ 次の置換は全部で $(2n)!$ 個あるので，ランダムに選ばれた $2n$ 次の置換に，長さ k $(k > n)$ のサイクルがある確率は $\frac{(2n)!}{k(2n)!} = \frac{1}{k}$ である．したがって，$2n$ 次の置換に，長さ $n+1$ 以上のサイクルがある確率は，

$\frac{1}{n+1} + \frac{1}{n+2} + \cdots + \frac{1}{2n}$ となる．10 枚のカードの場合には $n = 5$ なので，その確率は $\frac{1}{6} + \frac{1}{7} + \cdots + \frac{1}{10} = \frac{1627}{2520} = 0.6456$ となる．したがって，サイクルの長さがすべて n 以下である確率，すなわち何人いようが全員が成功する確率は $1 - 0.6456 = 0.3544$ となる．

● 看守がそのめくり方を知っていた場合

カードを並べる看守が，この本を読んだことがあって，そのめくり方を知っていたとしよう．意地悪な看守なら，長さ 6 以上のサイクルが生じるようにカードを並べることだろう．そうすると，全員失敗する．どのようにカードが並んでいても，確率 0.354365 で成功するためにはどうしたらよいか．

それは，めくり方の基準を無作為に決めることで解決する．カードの番号付けを，左から順に 1, 2, 3, ... ではなくて，看守に分からないようにこっそりとランダムな順列で，例えば 8, 4, 1, 5, 10, 2, 9, 7, 6, 3 のように番号付けをすればよい．そうすると，看守が恣意的に並べても，結局は無作為に並べたことになるので，成功する確率は 0.354365 である．

参考文献

確率のエッセンス　岩沢宏和　技術評論社　2013

情報科学のためのグラフ理論　加納幹雄　朝倉書店　2001

音楽・数学・言語：情報科学が拓く音楽の地平　東条　敏，平田圭二　近代科学社　2017

Mathematicaで楽しむ数理科学　山田修司　牧野書店　1999

問題解答

問題 2.1 (p.12)　(4) △，(5) ×，(6) ×，(7) ○，(8) △，(9) ○

問題 5.2 (p.40)

{A R}, {B},
{C I J L M N S U V W Z},
{D O}, {E F G T Y},
{H K}, {P}, {Q}, {X}

問題 5.3 (p.42)　1 回ねじれた，普通の帯の輪．

問題 5.4 (p,42)　1 回ねじれた，普通の帯の輪と，それに絡んだメビウスの帯．

問題 5.5 (p.43)　できる．

問題 6.2 (p.49)　$\dfrac{1 \times 10000 + 5 \times 1000 + 10 \times 100}{100} = 160$ 円

問題 6.3 (p.53)　女の子二人のとき 1 時間の場合は，二人とも女の子である確率は $\dfrac{1}{3}$．

女の子二人のとき 2 時間の場合は，二人とも女の子である確率は $\dfrac{1}{2}$．

問題 7.1 (p.59)　$\dfrac{1}{4}\log_2 4 + \dfrac{1}{4}\log_2 4 + \dfrac{1}{4}\log_2 4 + \dfrac{1}{8}\log_2 8 + \dfrac{1}{8}\log_2 8 = +\dfrac{1}{4} \times 2 + \dfrac{1}{4} \times 2 + \dfrac{1}{4} \times 2 + \dfrac{1}{8} \times 3 + \dfrac{1}{8} \times 3 = \dfrac{9}{4}$

問題 8.1 (p.67)　18

問題 8.2 (p.68)　$21 + 14 - \mathrm{GCD}(21, 14) = 21 + 14 - 7 = 28$ 個

問題 8.3 (p.69)　$(x, y) = (-6, 19)$

問題 8.4 (p.70)　$(x, y) = (11, 19)$

問題 8.5 (p.71)　7 L のバケツで 4 回水を汲んで，8 L のバケツで 3 回水を戻す．

問題 8.6 (p.71)　3 L のバケツで 4 回水を汲んで，7 L のバケツで 1 回水を戻す．あるいは，7 L のバケツで 2 回水を汲んで，3 L のバケツで 3 回水を戻す．

問題 9.1 (p.73)　$74 \times 76 \times 79 \times 80 \equiv (-3) \times (-1) \times 2 \times 3 = 18 \mod 77$

問題 9.2 (p.73)　$53 \equiv 2 \mod 17$ であり，$2^4 = 16 \equiv -1 \mod 17$ に注意すると，$53^{53} \equiv 2^{53} = 2^{4\times13+1} \equiv (-1)^{13} \times 2 = -2 \equiv 15 \mod 17$

問題 9.3 (p.75)　(1) 11，(2) 24，(3) 287

問題 9.4 (p.77)　$111\cdots111 \equiv -1 + 111 - 111 + \cdots - 111 + 111 \equiv -1 + 111 \equiv 5 \mod 7$

問題 9.5 (p.78)　$7x + 9y = 1$ の整数解の一つは $(x, y) = (4, -3)$．したがって，$7 \times 4 \times 4 + 9 \times (-3) \times 5 = -23 \equiv 40 \mod 7 \times 9$ より，答え 40.

問題 10.1 (p.80)　$5^{16} \equiv 1 \mod 17$ なので，$5^{50} = 5^{16\times3+2} \equiv 5^2 = 25 \equiv 8 \mod 17$ より，答え 8.

問題 10.2 (p.83)　(1) $\varphi(350) = \varphi(2 \times 5^2 \times 7) = \varphi(2) \times \varphi(5^2) \times \varphi(7) = (2-1) \times 5(5-1) \times (7-1) = 120$

(2) $3^{120} \equiv 1 \mod 350$ より，$3^{123} = 3^{120+3} \equiv 3^3 = 27 \mod 350$．答え 27.

問題 11.1 (p.87)　(1) $10011_{(2)}$，(2) $21_{(10)}$，(3) $100101_{(2)}$

問題 11.2 (p.88)　(1) $11001_{(2)}$，(2) $11_{(10)}$，(3) $11110_{(2)}$，(4) $0_{(10)}$

問題 11.3 (p.90)　6 個の山を 5 個にする．

問題 11.4 (p.92)　28 を言ったら勝ちなので，28 までの残りが 5 の倍数であるように言えば勝てる．最初に 1, 2, 3 と数えたら勝てる．

問題 12.1 (p.94)　1111000

問題 12.2 (p.94)　5 番のビットが誤りで，正しいデータは 1001011

問題 12.3 (p.95)　$14 \oplus 11 \oplus 10 \oplus 5 = 1110_{(2)} \oplus 1011_{(2)} \oplus 1100_{(2)} \oplus 0101_{(2)} = 1100_{(2)}$ なので，

ビット番号	15	14	13	12	11	10	9	8	7	6	5	4	3	2	1
データ	0	1	0	0	1	1	0	1	0	0	1	1	0	0	0

問題 12.4 (p.97)　$1 \oplus 4 \oplus 6 \oplus 7 = 4$ だから 4 番の人.

問題 13.1 (p.105)　レ : ファ : ラ $= \dfrac{9}{8} : \dfrac{4}{3} : \dfrac{5}{3} = 27 : 32 : 40$

シ : $\dot{\text{レ}}$: $\dot{\text{フ}}$ァ $= \dfrac{15}{8} : \dfrac{9}{4} : \dfrac{8}{3} = 45 : 54 : 64$

問題 14.2 (p.112)　転倒ペア数が奇数なので，上部の 6 番，7 番が下部の 1 番，4 番になる．答え 7 番目.

問題 14.3 (p.112)　(1,3), (1,4), (1,5), (1,6), (2,3), (2,4), (2,5), (2,6), (2,7), (2,8), (3,6), (4,5), (4,6), (5,6), (7,8)

奇置換

問題 14.4 (p.113)　(1,8,6,9,7)(2,5,3)(4)

執筆者紹介

山田　修司（やまだ　しゅうじ）

1982 年　神戸大学理学部卒業
1985 年　大阪大学大学院理学研究科博士課程前期修了
1986 年　愛媛大学理学部助手
1989 年　大阪大学理学博士
1991 年　京都産業大学理学部講師
1994 年　京都産業大学理学部助教授
現在　京都産業大学理学部教授

本文イラスト：森　美由希

数学の世界（すうがくのせかい）
Mathematical Wonderland

2019 年 4 月 1 日　第 1 版　第 1 刷　発行
2020 年 4 月 1 日　第 2 版　第 1 刷　発行
2024 年 4 月 1 日　第 2 版　第 4 刷　発行

著　者　山 田 修 司
発 行 者　発 田 和 子
発 行 所　株式会社　学術図書出版社
〒113-0033　東京都文京区本郷 5 丁目 4 の 6
TEL 03-3811-0889　振替　00110-4-28454
印刷　三松堂印刷（株）

定価はカバーに表示してあります.

ISBN978-4-7806-1263-9　C3041